国家“十二五”规划重点图书

中国地质调查局

青藏高原1:25万区域地质调查成果系列

中华人民共和国

区域地质调查报告

比例尺1:250 000

塔吐鲁沟幅 斯卡杜幅

(J43C004003 I43C001003)

项目名称:新疆1:25万麻扎幅、神仙湾幅、塔吐鲁沟幅、斯卡杜幅区域地质调查

项目编码:200213000005

项目负责:计文化 郝俊武

图幅负责:计文化 尹宗义 李博秦

报告编写:计文化 尹宗义 李博秦 陈高潮
蔺新望 张俊良 郝俊武 张清盛

编写单位:陕西省地质调查院

单位负责:韩芳林(院长)
董王仓(总工程师)

实施单位:西安地质矿产研究所

中国地质大学出版社
ZHONGGUO DIZHI DAXUE CHUBANSHE

内 容 提 要

塔吐鲁沟幅(J43C004003)、斯卡杜幅(I43C001003)是新疆1∶25万麻扎幅(J43C004004)、神仙湾幅(I43C001004)、塔吐鲁沟幅(J43C004003)、斯卡杜幅(I43C001003)区域地质调查联测项目之一,隶属于青藏高原北部空白区基础地质调查与研究之工作内容项目,承担单位为陕西省地质调查院。

晚震旦世—早寒武世形成了康西瓦-苏巴什洋盆,洋盆扩张持续到晚寒武世。至志留纪洋盆向北消减俯冲、局部碰撞,同时形成大量俯冲型、碰撞型花岗岩及后碰撞偏碱性花岗岩。康西瓦-苏巴什洋盆物质记录匮乏,该线为主要俯冲消减带。

泥盆纪—早二叠世伸展扩张,石炭纪形成北部康西瓦-苏巴什有限洋盆、南部空喀山口-乔戈里峰洋盆,两个不同性质的盆地之间以甜水海陆块相隔。中二叠世总体向北俯冲消减,康西瓦-苏巴什洋盆形成了麻扎构造岩浆弧,最终以三叠纪赛力亚克达坂群山间磨拉石沉积不整合在二叠纪火山弧上。

侏罗纪以后测区结束了洋盆发展历史。古近纪以后测区转入差异隆起。

图书在版编目(CIP)数据

中华人民共和国区域地质调查报告.塔吐鲁沟幅(J43C004003)、斯卡杜幅(I43C001003):比例尺1∶250 000/计文化,尹宗义,李博秦等著.—武汉:中国地质大学出版社,2013.6

ISBN 978-7-5625-2803-6

Ⅰ.①中…
Ⅱ.①计…②尹…③李…
Ⅲ.①区域地质-地质调查-调查报告-中国②区域地质-地质调查-调查报告-新疆
Ⅳ.①P562

中国版本图书馆CIP数据核字(2012)第028018号

中华人民共和国区域地质调查报告
塔吐鲁沟幅(J43C004003)、斯卡杜幅(I43C001003)
比例尺1∶250 000

计文化 尹宗义 李博秦 **等著**

责任编辑:胡珞兰 刘桂涛 责任校对:张咏梅

出版发行:中国地质大学出版社(武汉市洪山区鲁磨路388号) 邮政编码:430074
电 话:(027)67883511 传 真:67883580 E-mail:cbb @ cug.edu.cn
经 销:全国新华书店 http://www.cugp.cug.edu.cn

开本:880毫米×1 230毫米 1/16 字数:262千字 印张:8.125 图版:2 附件:1
版次:2013年6月第1版 印次:2013年6月第1次印刷
印刷:武汉中远印务有限公司 印数:1—1 500册

ISBN 978-7-5625-2803-6 定价:458.00元

前言

青藏高原包括西藏自治区、青海省及新疆维吾尔自治区南部、甘肃省南部、四川省西部和云南省西北部，面积达260万km^2，是我国藏民族聚居地区，平均海拔4 500m以上，被誉为地球第三极。青藏高原是全球最年轻、最高的高原，记录着地球演化最新历史，是研究岩石圈形成演化过程和动力学的理想区域，是“打开地球动力学大门的金钥匙”。

青藏高原蕴藏着丰富的矿产资源，是我国重要的资源后备基地。青藏高原是地球表面的一道天然屏障，影响着中国乃至全球的气候变化。青藏高原也是我国主要大江大河和一些重要国际河流的发源地，孕育着中华民族的繁生和发展。开展青藏高原地质调查与研究，对于推动地球科学研究、保障我国资源战略储备、促进边疆经济发展、维护民族团结、巩固国防建设具有非常重要的现实意义和深远的历史意义。

1999年国家启动了“新一轮国土资源大调查”专项，按照温家宝总理“新一轮国土资源大调查要围绕填补和更新一批基础地质图件”的指示精神。中国地质调查局组织开展了青藏高原空白区1∶25万区域地质调查攻坚战，历时6年多，投入3亿多，调集25个来自全国省(自治区)地质调查院、研究所、大专院校等单位组成的精干区域地质调查队伍，每年近千名地质工作者，奋战在世界屋脊，徒步遍及雪域高原，完成了全部空白区158km^2共112个图幅的区域地质调查工作，实现了我国陆域中比例尺区域地质调查的全面覆盖，在中国地质工作历史上树立了新的丰碑。

新疆1∶25万塔吐鲁沟幅(J43C004003)、斯卡杜幅(I43C001003)区域地质调查项目，由陕西省地质调查院承担，工作区位于新疆维吾尔自治区的叶城县、皮山县、塔什库尔干县等地区，南部与克什米尔(巴基斯坦控制区)接壤。目的是通过对调查区进行全面的区域地质调查，查清测区内不同地质单元，对不同的构造-地层单位采用不同的填图方法进行全面的区域地质调查，力争在成矿有利地段取得找矿新发现。最终通过盆地建造、岩浆作用、变质、变形及山盆耦合关系研究，反演区域地质演化历史，建立测区构造模式。

塔吐鲁沟幅(J43C004003)、斯卡杜幅(I43C001003)地质调查工作时间为2002—2004年。累计完成地质填图面积7 856km^2，实测地质剖面：1∶5 000剖面，24km；1∶10 000路线地质剖面，20km；1∶10万填图路线：580km(常年雪被面积达到3 900km^2)；薄片106件，微量元素分析119件，稀土分析33块，硅酸盐、碳酸盐分析53件，化石26件，牙形刺样品分析鉴定3件，SHRAMP分析2件，锆石U－Pb年龄样1件，化学分析1件，磷灰石裂变径迹3件，重砂分析11件。超额完成了设计工作量。主要成果：

(1)在充分收集、研究前人资料的基础上，针对图幅内存在的主要地质问题进行了调研，完成了任务书的设计任务。

(2)建立了测区的岩石地层系统和构造-岩浆岩带。

(3)确定了麻扎-康西瓦结合带的空间展布，丰富了该结合带的物质组成和演化历史；依据神仙湾群和加温达坂群沉积相以及所含暖水动物群和冷水动物群的差异，认为乔戈里峰结合带具有板块分隔意义。

(4)建立了测区的构造格架，探讨了测区构造演化历史。

2005年3月25日，中国地质调查局组织专家对项目进行最终成果验收，评审认为，该项目完成了任务书和设计的各项工作任务。报告章节较齐全、内容较丰富。采用了区调填图新理论、新方法，取得了较好的地质调查成果，提高了区域地质研究程度。符合《1∶25万区域地质调查技术要求》(暂行)等有关技术规定及要求，成果评审通过。成果报告被评为良好级。

参加报告编写的人员主要有计文化、尹宗义、李博秦、陈高潮、蔺新望、张俊良、郝俊武、张清盛，报告最终由计文化总纂。

先后参加野外工作的还有罗乾周、刘曦鹏、张清盛、孔文年、王峰、王洁明、霍向光、闫振兴。在整个项目实施和报告编写过程中，得益于许多单位和领导的大力协助、支持，尤其要感谢的是中国地质调查局、西安地质矿产研究所、乌鲁木齐工作总站、拉萨工作总站。地质图和报告插图计算机清绘由李海欣、邱荣艳、李春华同志完成，在此表示诚挚的谢意。

为了充分发挥青藏高原1：25万区域地质调查成果的作用，全面向社会提供使用，中国地质调查局组织开展了青藏高原1：25万地质图的公开出版工作，由中国地质调查局成都地调中心与项目完成单位共同组织实施。出版编辑工作得到了国家测绘局孔金辉、翟义青、陈克强及王保良等一批专家的指导和帮助，在此表示诚挚的谢意。

鉴于本次区调成果出版工作时间紧，参加单位较多，项目组织协调任务重以及工作经验和水平所限，成果出版中可能存在不足与疏漏之处，敬请读者批评指正。

“青藏高原1：25万区调成果总结”项目组

2011年7月

目 录

第一章　绪　论

塔吐鲁沟幅(J43C004003)、斯卡杜幅(I43C001003)是新疆1∶25万麻扎幅(J43C004004)、神仙湾幅(I43C001004)、塔吐鲁沟幅(J43C004003)、斯卡杜幅(I43C001003)区域地质调查联测项目之一。

2002年国土资源部中国地质调查局以基[2002]001—18号"地质调查工作内容任务书"下达任务说明如下:

工作内容编号:200213000005

工作内容名称:麻扎幅(J43C004004)、神仙湾幅(I43C001004)、塔吐鲁沟幅(J43C004003)、斯卡杜幅(I43C001003)1∶25万区域地质调查

工作性质:基础地质调查

工作年限:2002年1月至2004年12月

承担单位:陕西省地质调查院

填图面积:27 656km^2

经费概算:总经费概算为554万元

隶属:青藏高原北部空白区基础地质调查与研究

第一节　目的与任务

基[2002]001—18任务书(编号:200213000005)要求:按照《1∶25万区域地质调查技术要求》(暂行)和《青藏高原艰险地区1∶25万区域地质调查要求》(暂行)及其他相关的规范、指南,运用造山带填图的新技术、新方法、新手段,以区域构造调查与研究为先导,合理划分测区的构造单元。对测区不同地质单元、不同的构造-地层单位采用不同的填图方法进行全面的区域地质调查,力争在成矿有利地段取得找矿新发现。最终通过盆地建造、岩浆作用、变质、变形及山盆耦合关系研究,反演区域地质演化历史,建立测区构造模式。任务书强调工作中应加强以下方面的工作:

(1)工作区位于青藏高原西北缘,是印度板块与欧亚板块的结合部位,地质构造复杂,成矿地质条件有利,具有良好的地质找矿前景,要加强多金属成矿带成矿地质背景调查,为本区经济发展提供基础资料。

(2)工作区有数条重要的构造边界,著名的库地蛇绿岩带由测区通过,加强对蛇绿构造带的构造组成与演化研究,为欧亚板块和古特提斯带的形成、发展演化研究提供基础地质资料依据。

要求于2004年12月提交的最终成果包括提交印刷地质图件及报告、专题报告,按中国地质调查局编制的《地质图空间数据库工作指南》提交以ARC/INFO、MAPGIS图层格式的数据光盘及图幅与图层描述数据、报告文字数据各一套。

第二节 自然地理、经济及交通

1∶25 万塔吐鲁沟幅、斯卡杜幅隶属新疆维吾尔自治区喀什地区管辖，主要隶属塔什库尔干县，东部亦力克一带隶属叶城县。南部和西部分别与克什米尔(巴基斯坦控制区)、阿富汗接壤。地理坐标为东经 75°00′—76°30′，北纬 35°00′—37°00′之国内部分。测区地处昆仑高山与喀喇昆仑高山区，依中国自然地理区划，主要为青藏高原阿里-昆仑山地高寒荒漠草原区。区内山系呈北西向展布，整个测区属高山区，具有海拔高、相对高差大、山势极为险峻等特征(测区海拔 2 600～8 611m，平均海拔大于 5 000m，世界第二高峰——乔戈里峰 8 611m 位于图区之内)。

工作区主要为塔里木河内流区，水量较小。主要水系克勒青河、叶尔羌河、塔什库尔干河由南往北流入塔里木盆地。

测区属寒冷、干旱型气候，降雨量地区分布极不均匀。总体来讲，降水量分布自北向南呈阶梯状递增，最北端年降水量不足 100mm，塔什库尔干宽谷年降水稀少，年平均降水量为 71.1mm；最南端大于 800mm，乔戈里峰一带可达 1 000mm。降雨(雪)多集中于春末到夏季。南部以降雪为主，北部以降雨为主。7—8 月份冰雪融水、暴雨山洪常成灾害。

测区最北界塔什库尔干宽谷年平均气温为－2℃，向东升高到 1℃，最南端喀喇昆仑山主脊附近年平均气温为－10℃。全年最高气温 24.6℃，最低气温达－36℃，除塔吐鲁沟等少数地区外，终年皆冬，一般高寒缺氧。

区内人烟稀少，分布极为不均。叶尔羌河下游塔吐鲁沟一带较为集中，居民有维吾尔族、克尔克孜族及塔吉克族，以塔吉克族人居多。

区内植被以高山区植被为主，植被稀少，只在河谷阶地有少量红柳类植被；亚高山区植被有高寒草甸及少量的山地草原草场，主要组成植物为莎草科、乔本科、菊科等杂类草，在塔吐鲁沟一带分布有少量高大的柳树。粮食作物主要为小麦，仅极少量分布在亦力克、塔吐鲁沟一带。

工作区中巴公路从图幅西南角穿过，另外还有通往边防站的简易公路。然而，由于恶劣的气候、地形条件，上述公路经常塌方，同时测区地形切割强烈，沟谷窄而坡度大，除公路外，汽车无法穿行，因此 99%的地质填图路线均需利用骆驼和毛驴运送物资、行李。总之测区交通条件极差，整个工作区除公路沿线及前山外绝大部分地区人迹罕至(图 1－1)。

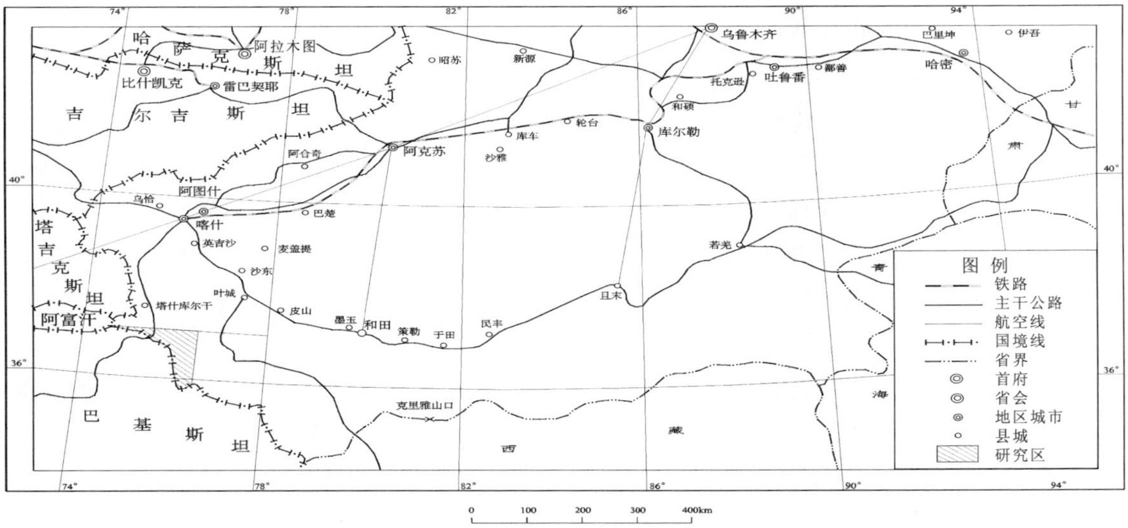

图 1－1 交通位置图

第三节 前人研究程度

测区地质调查起步不晚，清朝末期已有外国科考探险家进入，主要地质工作是解放以后，特别是20世纪80年代以后，前人工作概况见表1-1。

表1-1 测区及相邻地区地质调查历史简表

类别	调查时间(年)	成果名称	作者单位或姓名	出版时间及单位
矿产	1972	在新疆于田县以南昆仑山进行矿产调查报告	新疆地质局区测大队	内部资料，1972
专著	1973—1992	昆仑山-喀喇昆仑山地区冰川与环境	苏珍，等	科学出版社，1998
专著	1973—1992	青藏高原北部新生代板内火山岩	邓万明	地质出版社，1998
专著	1980—1983	昆仑开合构造	姜春发，等	地质出版社，1992
区调	1982—1983	1∶100万西昆仑山叶尔羌河上游地区地质矿产调查报告	新疆第一区调大队	内部资料，1983
区调	1982—1983	1∶100万西昆仑山康西瓦-喀喇昆仑山河尾滩地区区调报告	新疆第一区调大队	内部资料，1983
综合	1986—1988	青藏高原昆仑山-喀喇昆仑山地区综合科学考察	孙鸿烈，等	科学出版社，2000
专著	1987—1989	喀喇昆仑山-昆仑山地区古生物	文世宜，等	科学出版社，1998
专著	1987—1989	中国新疆古生代地壳演化及成矿	何国琦，等	新疆人民出版社、香港文化教育出版社，1994
专著	1986年前	新疆古生界(上、下册)	新疆地质矿产研究所、新疆第一区调大队	新疆人民出版社，1990
专著	1990—1993	塔里木板块周缘的沉积-构造环境	刘训，等	新疆科技卫生出版社，1997
专著	1985年前	中国西部第四纪冰川与环境	中国第四纪冰川与环境研究中心等	地质出版社，1991
编图	1987	1∶150万青藏高原及邻区地质图	成都地质矿产研究所	地质出版社，1987
修编	1989	和田地区1∶50万地质图、矿产图及说明书(新疆地区)	新疆第十地质队	内部资料，1989
专著	1991—1993	西昆仑造山带与盆地	丁道桂，等	地质出版社，1996
总结	1993	新疆维吾尔自治区区域地质志	新疆地质矿产局	地质出版社，1993
专著	1978年前	新疆昆仑山和阿尔金山前寒武系及叠层石	缪长泉	新疆科技卫生出版社，1993
专著	1992—1994	中国主要成矿区带矿产资源远景评价	陈毓川	地质出版社，1999
专著	1993	塔里木盆地及其周缘地区上第三系—第四系地层及晚新生代构造期次划分	滕志宏	内部刊物，1994
编图	1993—1994	1∶50万和田地区铜、金、玉石、稀有金属成矿规律	新疆第十地质队	内部刊物，1994
专著	1994	中国区域地质概论	程裕淇	地质出版社，1994
专著	1994—1996	新疆开合构造与成矿	陈哲夫，等	新疆科技卫生出版社，1997

续表 1-1

类别	调查时间(年)	成果名称	作者单位或姓名	出版时间及单位
专著	1993—1998	青藏高原大地构造特征及盆地演化	赵政璋,等	科学出版社,2001
总结		新疆岩石地层清理	新疆地质矿产局	中国地质大学出版社,2001
矿产	1995	西昆仑块状硫化物矿床成矿条件和成矿预测	贾群子	地质出版社,1999
总结	1995	1∶250 万中国西部火山岩地质图及说明书	叶茂泉	西安地图出版社,1996
专著	1999	阿尔金断裂系	崔军文,等	地质出版社,1999
总结		青藏高原隆升的地质记录及机制	国土资源部地质研究所	内部材料,2001
总结		青藏高原隆升的地质记录及机制	国土资源部地质研究所	内部材料,2001
化探	2000—2002	1∶50 万新疆西昆仑叶尔羌河地区地质矿产图	陕西省地质调查院	内部资料,2002
总结		新疆构造体系与重要矿产和地震分布规律的研究(1∶100 万)	张道乐,等	内部资料,1980
总结		1∶100 万和田地区初步解译修编地质图	新疆第十地质队	内部资料,1980
总结		1∶150 万西昆仑-喀喇昆仑及帕米尔东缘地质图	尹集祥	内部资料,1992
总结		新疆 1∶50 万编图	新疆地矿局	内部资料,2002
总结		新疆地质图及说明书(1∶200 万)	陈哲夫	内部资料,1992
专著	1993—1996	青藏高原及邻区冈瓦纳相地层地质学	尹集祥	地质出版社,1997
论文		西昆仑北缘冲断带桑株—策勒段的几何学与运动学分析	罗金海	内部资料,1999
论文		新疆西昆仑库地混杂带中的弧前复理石沉积及其大地构造制约	方爱民	内部资料,1998
论文		西昆仑库地剪切带动力学及岩石圈有效弹性厚度探讨	周辉	内部资料,1998
论文		西昆仑-喀喇昆仑前陆褶冲断带中生代沉积构造演化	张国成	内部资料,1997

解放前有少数中、外地质学家,如 Hedin S、Henning A、Norin R、刘慎谔、Belyaevsry H A 等在调查区相邻地区进行过路线地质调查,虽然获得的地质资料比较零星,但是当时建立的一些岩石单元名称及其形成的时代依据目前仍在使用。

解放后至 20 世纪 70 年代新疆地质矿产局在调查区作了小区域矿产普查和区调简测。

1958—1960 年,中国科学院组织过综合科学考察。

20 世纪 80 年代以来,昆仑山区地质调查和科学研究渐趋高潮,主要有:

1980—1983 年,中国地质科学院地质研究所姜春发等与青海、新疆区调大队联合对昆仑山进行野外地质调查,有许多重大进展,1992 年出版了《昆仑开合构造》研究专著,首次对昆仑山地质进行了较为深入地研究。

1981 年,新疆地质局、新疆石油管理局总结了昆仑山—阿尔金山一带地层,认为本区自中元古代—中生代以来地层都有不同程度出露,海陆变迁频繁,奥陶纪以后生物发育,侏罗纪为重要的成煤期,白垩纪为潟湖膏泥沉积,新生代受喜马拉雅运动影响,昆仑山隆起,在山区形成一些大小不同、互不相连的断陷盆地,沉积了第三系(古新系+新近系)和第四系,同时在河流两岸、冰川脚下、湖泊等地理景观区也有各种类型沉积。

1982—1983 年,新疆第一区调大队完成的《西昆仑山叶尔羌河上游地区地质矿产调查报告》、《1∶100 万西昆仑山康西瓦-喀喇昆仑山河尾滩地区区调报告》是测区首次系统的区域地质、矿产调查工作,对整个测区进行了较全面的调查,划分出了前寒武纪地台结晶基底,古生代不同时期的沉积盖层，初步建立了测区的地层系统、岩浆岩系统和构造骨架。

1986—1988年，中国科学院青藏高原综合科学考察队深入图区，对地质、地理等进行了全面考察研究；1992年出版了《青藏高原喀喇昆仑-昆仑山地区科学考察》丛书共4套。

1987—1991年，中国科学院潘裕生、法国 Tapponnier P 等在图区狮泉河—叶城、喀什—红其拉甫进行了路线考察。

1990—1993年，刘训等在塔里木盆地进行了地质调查及剖面测制；1997年出版了《塔里木板块周缘的沉积-构造环境》专著。

1991—1993年，丁道桂、王道轩等也在图区进行了剖面调查；1996年出版了《西昆仑造山带与盆地》专著，对西昆仑造山带的认识水平有明显提高。

1993年，滕志宏等在塔里木盆地进行了地质调查，著有《塔里木盆地及其周缘地区上第三系—第四系地层及晚新生代构造期次划分》(内部刊物)。

1994—1996年，陈哲夫等系统总结了新疆的地史演化与成矿；1997年出版了《新疆开合构造与成矿》专著。

1995年，由地质矿产部西安地质矿产研究所和新疆地勘局第二区调队联合承担了地质矿产部定向科研项目"西昆仑块状硫化物型铜(多金属)矿床成矿条件及成矿预测研究"；1999年贾群子等出版了《西昆仑块状硫化物矿床成矿条件和成矿预测》专著。

2000—2002年，陕西地质调查院完成了测区南部1∶50万化探工作。在塔吐鲁沟—麻扎一线南部，划出了两个乙类异常带，异常带总体呈东西向分布，北部为Cu、Au、Ag异常带，南部为Pb、Zn异常带。

此外，1996年以来，中外刊物上公开发表的涉及测区的科学论文不少于466篇，研究内容涉及地层、岩浆岩、变质岩以及第四纪沉积等方方面面。新藏公路沿线特别是库地两侧的研究程度很高，关于库地蛇绿岩、一些克沟火山岩以及库地北岩体等前人积累了大量的测试数据。

由于自然条件所限，测区只完成了1∶100万区域地质调查及1∶50万地球化学勘查工作(资料不全)。上述的各项科学考察、研究成果，由于不同学者研究的出发点不同，占有的资料有别，对西昆仑造山带的认识也不尽相同。总之，西昆仑造山带在基础地质和矿产地质方面的工作程度在全国为最低，测区既是青藏高原艰险区，也是地质工作空白区。

第四节 工作完成情况

"麻扎、神仙湾、塔吐鲁沟和斯卡杜四幅1∶25万区域地质调查"项目由陕西省地质调查院咸阳区域调查所具体实施，2002年4月底接受任务后立即组建队伍，收集各种资料，初编遥感解译地质图；同年5—9月按照任务书要求进行了贯通全测区的踏勘，同时完成了神仙湾幅东部和麻扎幅东南部共计8 000km^2的填图面积和部分剖面测制；2002年12月在西安通过了设计评审，获良好(88分)。会后，根据专家组提出的意见，对项目总体设计进行了修改。2003年4—10月，完成填图面积17 656km^2，测制各类剖面160km。2004年4—5月完成了1∶10万丘宛幅、麻扎达拉幅约2 000km^2的填图面积，同时进行了野外检查及补充工作，全面完成了设计工作量。2004年6月4日通过了野外资料验收，麻扎幅和神仙湾幅实际资料获优秀(92分)，塔吐鲁沟幅和斯卡杜幅获良好(87.5分)。在该次验收会上，首次明确了将麻扎幅和神仙湾幅、塔吐鲁沟幅和斯卡杜幅分别合并出地质图和区调报告的方案。全项目和塔吐鲁沟幅及斯卡杜幅完成的实物工作量见表1-2。

表 1-2　主要实物工作量一览表

名称		单位	全项目完成工作量			塔吐鲁沟幅、斯卡杜幅完成工作量
			设计工作量	完成工作量	完成比例（%）	
1∶25万填图面积		km^2	27 656	27 656	100	7 856
1∶5万填图面积		km^2	400	470	118	0
1∶25万遥感解译面积		km^2	27 656	27 656	100	7 856
剖面测量	1∶2 000	km	10	20	200	0
	1∶5 000	km	100	100	100	24
	1∶10 000	km	100	200	200	20
岩石化学		件	150	378	252	53
化学样		件	20	26	130	1
稀土分析		件	154	635	412	33
基岩光谱		件	450	1 131	251	119
薄片（含光片）		件	1 040	1 167	112	106
大化石		件	60	66	110	26
微体化石		件	50	71	142	3
^{14}C		件	10	0	0	0
Ar-Ar 测年		件	0	5	/	0
K-Ar 测年		件	10	4	40	0
Rb-Sr 测年		件	3	0	0	0
U-Pb 测年		件	20	23	115	1
SHRAMP 测年		件	0	2	/	0
Sm-Nd 测年		件	2	0	0	0
磷灰石裂变径迹		件	10	15	150	3
重砂分析		件	35	40	114	11
粒度分析		件	40	40	100	0
电子探针		件	10	60	600	0

注：稀土元素采用 ICP-MS；多数微量元素采用 ICP-MS；金采用原子炉石墨吸收法。

参加该项目工作的全体人员见表 1-3。

表 1-3 参加项目的主要人员

姓名	性别	出生年份(年)	学历	技术职称	职务	工作时间(年)	完成工作
计文化	男	1968	研究生	高级工程师	项目负责 技术负责	2002—2004	全面负责
尹宗义	男	1960	大学	高级工程师	副技术负责	2002—2004	地层、生产调度
李博秦	男	1966	研究生	高级工程师	副技术负责	2002—2004	矿产、质量
郝俊武	男	1955	中专	工程师	副项目负责	2002—2004	后勤、行政
陈高潮	男	1968	大学	工程师	大组长	2002—2004	变质岩、构造
蔺新望	男	1972	研究生	工程师	大组长	2002—2004	岩浆岩
张俊良	男	1965	大学	工程师	大组长	2002—2004	遥感、火山岩
罗乾周	男	1963	大学	高级工程师	小组长	2002	矿产
张清盛	男	1965	大学	工程师	小组长	2002—2004	地层
孔文年	男	1968	大学	工程师	小组长	2002—2003	火山岩
王 峰	男	1968	中专	工程师	小组长	2002—2003	地层
王洁明	男	1970	中专	工程师	技术员	2002	岩石
刘曦鹏	男	1963	大学	工程师	技术员	2002—2003	地层、岩石
闫振兴	男	1955	中专	工程师	技术员	2002—2004	地层、岩石
霍向光	男	1956	中专	工程师	小组长	2003—2004	地层、遥感
李 军	男	1969	高中	中级工	工人	2002—2003	助手
张满江	男	1966	高中	中级工	工人	2003	助手
陈 学	男	1957	高中	高级工	工人	2002—2004	驾驶员
谭苏敏	男	1963	高中	高级工	工人	2002—2003	驾驶员
姚 社	男	1965	高中	高级工	工人	2002—2003	驾驶员
李 智	男	1972	高中	中级工	工人	2002—2004	炊事员
黄保山	男	1970	高中	中级工	工人	2003	炊事员

塔吐鲁沟幅(J43C004003)、斯卡杜幅(I43C001003)区域地质调查报告编写人员及分工为：计文化编写第一章绪论、第五章构造与地质演化、第六章结束语；尹宗义编写第二章地层部分的第一节、第三节(志留系)、第四节、第五节(三叠系及其以前地层)及第七节；陈高潮编写第二章地层部分的第二节、第三节(奥陶系及其以前地层)，第四章变质岩；蔺新望编写第三章岩浆岩；张清盛编写第二章地层部分的第五节(侏罗纪及其以后地层)及第六节。报告最终由计文化总纂。

第二章　地　层

第一节　地层分区及岩石地层划分

调查区位于青藏高原北缘印度板块与欧亚板块的结合部位，帕米尔构造结东侧弧形湾折地带，主体为西昆仑侏罗纪板内再生（叠加于晋宁、加里东、华力西和印支多期构造之上）造山带。区内地层发育比较齐全，地层时代从下元古界到第四系均有不同程度出露，地层类型有中深变质变形的构造-岩石地层、浅变质和未变质的岩石地层，也有大量未固结的地层。形成环境有深海、浅海及部分陆相地层。成因上有变质地层、沉积地层以及少量火山岩地层。

依据中国地层指南（2000）地层大区划分原则（以板块缝合带为地层大区的界线）以及测区地质特征，结合近年区调新成果，将测区的地层系统分别归属为：秦祁昆地层大区、巴颜喀拉-北羌塘地层大区以及藏滇地层大区。在此基础上进一步划分地层区、分区和小区。地层区划见图 2－1 及表 2－1。各地层分区地层总体特征见表 2－2。

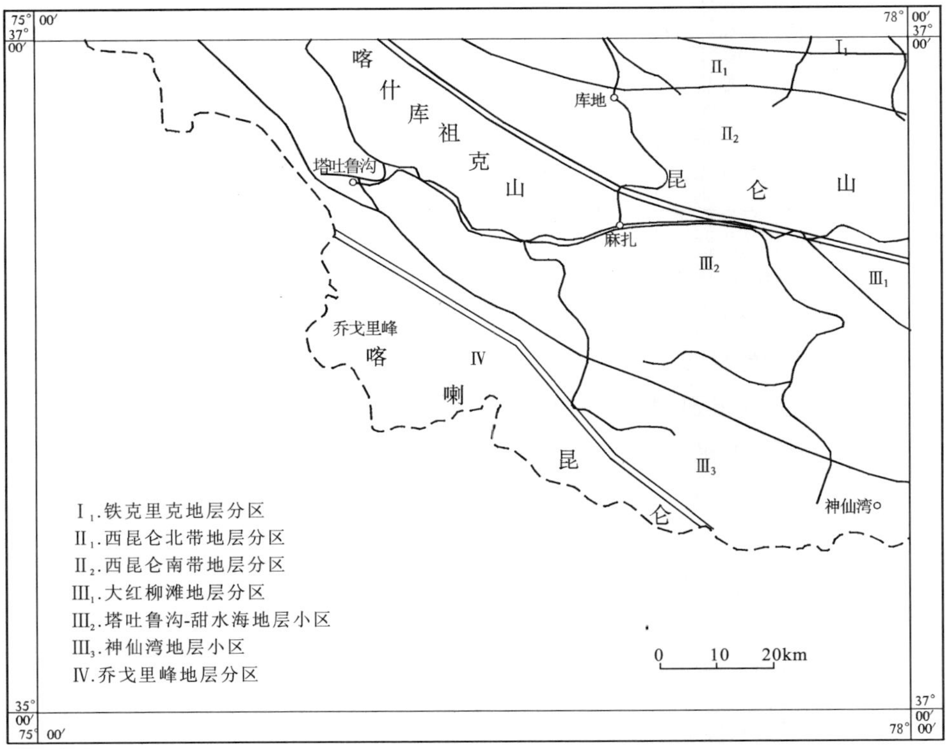

图 2－1　测区地层区划图

表 2-1 测区地层区划表

大区	分区	小区	地层特征			
			各时期建造类型组合	大地构造位置及属性	变质相系	
秦祁昆	西昆仑南带		中元古代变质地层	活动大陆边缘	变质较深	震旦纪以来的造山带
巴颜喀拉-北羌塘	喀喇昆仑	甜水海	中元古代变质地层、古生代及中生代台地相	活动大陆边缘	元古宙为深变质，古生代为连续的台地浅变质	
		神仙湾	晚古生代—中生代陆缘碎屑及台地相沉积	残留盆地		
藏滇	乔戈里峰		前寒武纪变质地层、二叠纪台地相、三叠纪深水沉积	台 地	前寒武纪中深变质，二叠纪以后为浅变质	

表 2-2 各地层区特征简表

地层大区(Ⅰ级)	地层区(Ⅱ级)	地层分区(Ⅲ级)	地层小区(Ⅳ级)
塔里木-北山	塔 南	铁克里克	
秦 祁 昆	西昆仑	西昆仑北带	
		西昆仑南带	
巴颜喀拉-北羌塘	巴颜喀拉	大红柳滩	
	北羌塘	喀喇昆仑	塔吐鲁沟-甜水海
			神 仙 湾
藏 滇	南羌塘	乔戈里峰	

依据全国地层多重划分对比研究，新疆维吾尔自治区岩石地层(1998)成果以及中国科学院、中国地质科学院近年来在该地区的最新研究成果，结合区域资料对比，对测区地层进行了划分和厘定，测区共建立了(构造)岩石地层单位 17 个，新建地层单位 11 个，其中群级地层单位 6 个，组级地层单位 10 个，段级地层单位 1 个，非正式地层单位 2 个，第四系松散堆积物 6 个。测区地层区划与地层系统见表 2-3。

塔吐鲁沟幅、斯卡杜幅出露西昆仑南带地层分区、喀喇昆仑地层分区和乔戈里峰地层。

表 2-3　测区地层区划与地层系统综合表

时代	沉积成因类型及地层、构造单元名称									演化阶段隆升历史	
Qh	冲积、洪积、风积									青藏高原隆升	整体加速隆升
Qp^3	冲积、洪积、	新疆群									
Qp^2	冲积、洪积	乌苏群									
N_2						阿图什组					喀喇昆仑山隆升
N_1						帕卡布拉克组					
K_2						铁隆滩群					昆仑山隆升
J_{1-2}		叶尔羌河群				龙山组				板内调整	
T		赛力亚克达坂群		巴颜喀拉山群			河尾滩群				
P_3				麻扎-康西瓦混杂岩	黄羊岭群		温泉山组	空喀山口混杂岩	阿格勒达坂组		古特提斯演化
P_2							神仙湾群		加温达坂群		
P_1									克勒青土布拉克组		
C_2		依莎克群 库尔良群	提热艾力组			恰提尔群					
C_1		他龙群				帕斯群					古昆仑洋演化
D_3						天神达坂组					
D_{1-2}						落石沟组					
S_2			库地蛇绿混杂岩	下古生界（未分）		达坂沟群					
S_1						温泉沟岩群					
O		玛列孜肯群	西合休岩组			冬瓜山群					
$\in_3$						上寒武(未分)					
Jx	博查特塔格组	中元古界(未分)	桑株塔格岩群					前寒武系(未分)		过渡性基底	
Ch	塞拉加兹塔格岩群		赛图拉岩群								
$Ar-Pt_1$	埃连卡特岩群					布伦阔勒岩群				结晶基底	
	铁克里克地层分区	西昆北带分区	西昆南带分区		大红柳滩分区	甜水海小区	神仙湾小区	乔戈里峰分区			
	塔里木北山地层大区	秦祁昆地层大区			巴颜喀拉-北羌塘地层大区			藏滇地层大区			

第二节　下元古界—中元古界

下元古界地层布伦阔勒岩群是本幅变质最深地层，角闪岩相变质，构成结晶基地，出露面积较大，分别于测区叶尔羌河下游一带。

一、布伦阔勒岩群(Pt_1B)

(一)综述

新疆第一区调队(1967)将分布于布伦口—木吉—阿孜尕尔一带中深区域变质岩命名为布伦阔勒群。前苏联在东南帕米尔与本群相当地层中采 U-Pb 和 Rb-Sr 等时线年龄 2 700～2 130Ma。《新疆维吾尔自治区区域地质志》将其划为下元古界，也可能包括部分上太古界地层，划分为 3 个组。主要岩性为黑云角闪中长片麻岩、黑云斜长片麻岩、黑云石英片岩、石英岩、矽线石榴黑云母片岩、红柱十字黑云石英片岩、大理岩等。

本次区调沿用此命名，称布伦阔勒岩群。属于塔吐鲁沟-甜水海地层小区，相当于《新疆维吾尔自治区区域地质志》所划第一组和第二组，测区内主要分布于叶尔羌河两侧，呈北西—北北西向展布，东侧和南侧与志留系温泉沟岩群脆韧性断层接触，西侧与温泉沟岩群韧性断层接触，向北延伸出图。该群依据岩石组合划分为 A、B、C 三个岩组。A 岩组：分布于叶尔羌河东岸塔萨拉东，近南北向透镜状展布，向北进入塔什库尔干幅，被新元古代岩体侵入，东侧与志留系温泉沟岩群断层接触，西侧与 B 岩组构造面理平行关系，向南东尖灭。B 岩组：分布于叶尔羌河两岸塔萨拉西、先锋公社三大队、岔河口、阿孜尕尔一带，近北北西向带状展布，岔河口东转为北西向，东西两侧与 A 岩组、C 岩组构造面理平行关系，向北进入塔什库尔干幅，被新元古代岩体侵入，岔河口以东与志留系温泉沟岩群断层接触，向东进入麻扎幅，岔河口西与温泉沟岩群断层接触。C 岩组：分布于叶尔羌河西岸色克布拉克、先锋公社三大队西，近北北西向带状展布，向北进入塔什库尔干幅，东侧与 B 岩组构造面理平行关系，西侧与温泉沟岩群断层接触，塔吐鲁沟口以北尖灭，内部被白垩纪岩体侵入破坏，但出露较完整。该群在测区内出露面积约 1 400km^2。

(二)地层特征

布伦阔勒岩群主要为一套深变质的区域变质岩，角闪岩相变质，变形强烈，同斜褶皱、构造透镜体、“δ”形旋转碎斑及片理小褶皱比较发育，面理置换强烈，糜棱岩带、强变形带发育，构成层状无序的构造-岩石地层单位，各岩块间构造面理整合接触。区域上面理产状变化构成一复背形。依据岩石组合特征可以划分为 3 个岩组，A、B、C 三个岩组经历强烈变质变形作用，区域上呈面理平行关系及构造岩片叠置关系。

1. A 岩组

A 岩组岩性为灰色、浅灰色黑云石英片岩、黑云母片岩、含石榴子石黑云石英片岩，向北塔萨拉沟变为石榴黑云斜长片麻岩、石榴黑云石英片岩，内部发育大量伟晶岩脉。现以新疆塔什库尔干自治县叶尔羌河东沟下元古界布伦阔勒岩群 A 岩组路线地质剖面介绍之(图 2-2)。

上覆地层：布伦阔勒岩群 B 岩组　石榴斜长黑云石英片岩

——————————　构造面理　————————

布伦阔勒岩群 A 岩组：　**>9 326.6m**

4. 灰色黑云母片岩夹黑云石英片岩偶夹含石榴子石黑云母片岩　2 137.8m

3. 灰色黑云母片岩夹黑云石英片岩 1 218.7m

2. 灰色黑云母片岩夹黑云石英片岩、含石榴子石黑云母片岩 2 175.7m

1. 黑云母片岩、黑云石英片岩夹含石榴子石黑云母片岩 3 794.4m

（未见底）

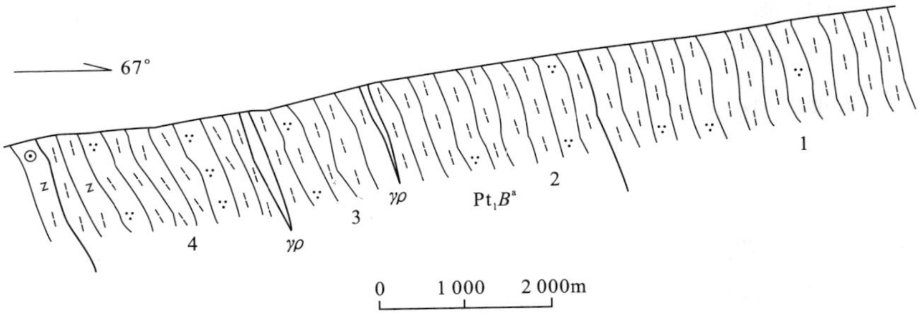

图 2-2 新疆塔什库尔干自治县叶尔羌河东沟下元古界布伦阔勒岩群 A 岩组路线地质剖面图

剖面叠置厚度大于 9 326.6m。岩性组合较简单，主要为黑云母片岩、含石榴子石黑云母片岩夹黑云石英片岩，角闪岩相变质，变质原岩为泥质碎屑岩，变形强烈，片理褶皱和长英质脉顺层剪切褶皱，各层之间以伟晶岩脉为界。该岩组伟晶岩脉发育。

该岩群横向上岩性变化大，局部变为含石榴子石黑云石英片岩，图幅东北部塔萨拉一带有老侵入体（构成片麻岩套）和较多（含）石榴子石片麻岩、片岩夹斜长角闪岩出露，可能是原岩砂质含量高所致。以新疆塔什库尔干自治县叶尔羌河塔萨拉下元古界布伦阔勒岩群 A 岩组路线地质剖面给予补充（图 2-3）。

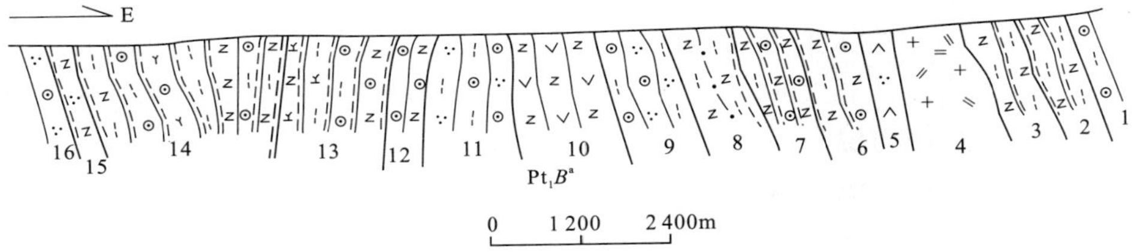

图 2-3 新疆塔什库尔干自治县叶尔羌河塔萨拉下元古界布伦阔勒岩群 A 岩组路线地质剖面图

（未见顶）

16. 灰色石榴黑云石英片岩 275.7m

15. 灰色（矽线）石榴黑云斜长片麻岩 2 031.7m

14. 浅灰色石榴黑云二长片麻岩 762.1m

13. 浅灰色石榴黑云二长片麻岩 762.1m

12. 深灰色斜长角闪岩 384.8m

11. 灰色石榴黑云石英片岩 470.6m

10. 深灰色石榴二云石英片岩 512.3m

9. 灰色石榴黑云石英片岩夹石英岩 640.7m

8. 灰色黑云斜长石英粒岩 506.8m

7. 灰色石榴黑云斜长片麻岩 621.6m

6. 浅灰色、灰色黑云斜长片麻岩（片麻岩套） 820.6m

5. 深灰色角闪石英粒岩 122.9m

4. 中粒白云二长花岗岩 890.0m

3.灰色黑云斜长片麻岩	171.7m
2.灰色黑云斜长片麻岩夹少量石榴黑云石英片岩	171.7m
1.灰色石榴黑云石英片岩	>20m

（未见底）

剖面未见顶、底，叠置厚度大于 7 454.7m。岩石组合主要为石榴黑云斜长片麻岩、石榴黑云石英片岩、石榴二云石英片岩夹斜长角闪岩。角闪岩相变质，变形强，强变形带、构造透镜体、面理紧闭褶皱发育。变质原岩为碎屑岩夹基性火山岩。内有中酸性老侵入体，变为黑云斜长片麻岩。老侵入体与片麻岩套面理呈平行关系。

2. B 岩组

B 岩组岩性为灰色、浅灰色石榴黑云石英片岩、十字石榴白云石英片岩、二云石英片岩、黑云石英片岩、矽线石榴黑云斜长片麻岩、黑云斜长变粒岩夹斜长角闪岩。原岩为变质碎屑岩夹中基性火山岩。以新疆塔什库尔干自治县塔吐鲁沟下元古界布伦阔勒岩群 B 岩组实测地质剖面为例（图 2－4）。

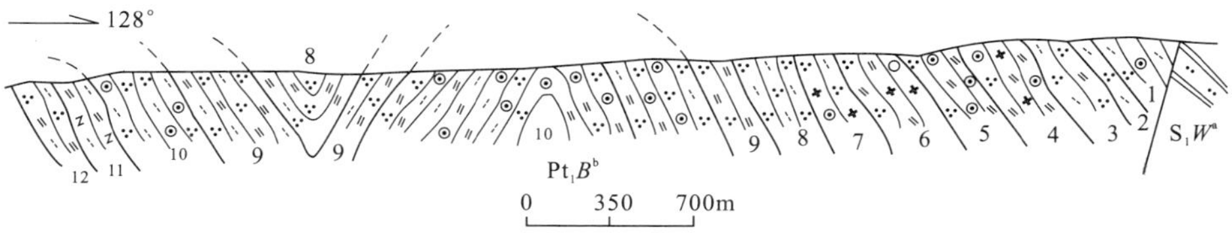

图 2－4　新疆塔什库尔干自治县塔吐鲁沟下元古界布伦阔勒岩群 B 岩组实测地质剖面图

上覆地层：Q^4 冲洪积砂砾石层

布伦阔勒岩群 B 岩组	**>2 219.58m**
12.浅灰色二云石英片岩	29.46m
11.深灰色含蓝晶石斜长黑云石英片岩	54.01m
10.灰色石榴黑云石英片岩、灰色二云石英片岩	325.37m
9.灰一浅灰色十字石榴二云石英片岩夹石英变粒岩	175.66m
8.深灰色黑云石英片岩灰色石英变粒岩	117.11m
7.灰色十字石榴二云石英片岩	320.88m
6.灰色十字石榴白云石英片岩	204.14m
5.灰色含十字石石榴白云石英片岩	272.18m
4.灰色十字石榴白云石英片岩	178.75m
3.灰一深灰色黑云石英片岩偶夹石榴黑云石英片岩	178.75m
2.灰一深灰色黑云石英片岩	40.01m
1.灰色石榴黑云石英片岩	323.26m

═══════　断　层　═══════

下伏地层：温泉沟岩群（S_1W^a）：灰色粉砂质板岩

剖面未见顶、底，岩石组合为十字石榴白云石英片岩、十字石榴二云石英片岩、石榴黑云石英片岩、黑云石英片岩、二云石英片岩，夹含蓝晶石斜长黑云石英片岩、石英变粒岩。根据岩石组合可以分为两个岩性段：下岩段含大量十字石为特征，上岩段含石榴子石、黑云母的各种片岩。测区内出露部分相当于剖面上岩段。角闪岩相变质，变形复杂，“δ”形旋转碎斑、强变形带、紧闭褶皱发育。剖面总体为一复式单斜构造，片理产状北倾倒转。叠置厚度大于 2 219.58m。

该岩组横向变化大，岔河口一带出露十字石榴白云石英片岩、十字石榴二云石英片岩，变质较深。阿孜尕尔和岔河口北片岩中夹大理岩。

3. C 岩组

C 岩组岩性为灰色、浅灰色黑云斜长变粒岩，角闪黑云斜长变粒岩，斜长黑云石英片岩夹大理岩，为副变质岩石。该岩组出露范围较小，以新疆塔什库尔干自治县叶尔羌河踏勒德库勒—卡大肯下元古界布伦阔勒岩群 C 岩组实测地质剖面介绍之(图 2-5)。

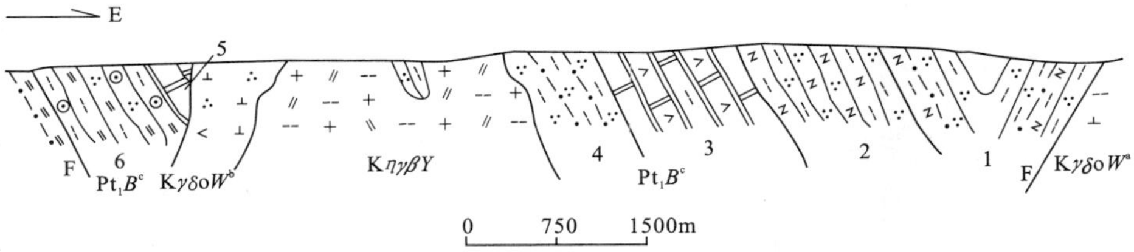

图 2-5 新疆塔什库尔干自治县叶尔羌河踏勒德库勒—卡大肯下元古界布伦阔勒岩群 C 岩组实测地质剖面图

二云长英质糜棱岩

断层接触

布伦阔勒岩群 C 岩组	**>1 672.81m**
6. 灰色黑云石英片岩夹黑云母变粒岩	170.3m
5. 浅灰色大理岩	37.5m
4. 灰色黑云母变粒岩夹浅灰色石英岩	194.15m
3. 灰白色含橄榄大理岩、黑云母大理岩夹石英岩、黑云母变粒岩	293.3m
2. 深灰色斜长黑云石英片岩	745.82m
1. 灰色黑云石英片岩夹互黑云斜长变粒岩	231.74m

断层接触

黑云英云闪长岩

剖面叠置厚度大于 1 672.81m，两侧被岩体侵入，未见顶、底。低角闪岩相变质、变形强，片理形成褶皱。岩石组合为黑云石英片岩、黑云斜长变粒岩、黑云母变粒岩、含橄榄大理岩、黑云母大理岩夹石英岩，为一套副变质岩。

C 岩组横向变化较小，大理岩比较稳定，延伸好，仅表现为出露宽度变化。

(三)岩石化学和地球化学特征

1. 岩石化学

布伦阔勒岩群岩石化学特征见表 2-4。表中反映变质碎屑岩化学成分变化大，物源比较复杂，A 岩组 SiO_2 含量较高，Al_2O_3、Fe_2O_3、FeO、K_2O、Na_2O 含量较低。B 岩组变质碎屑岩化学成分变化大，特别是 SiO_2、Al_2O_3、CaO、MgO 变化大，变质基性玄武岩与世界基性玄武岩平均值比较，Fe_2O_3、K_2O、MnO 偏低。CaO、MgO、Na_2O、FeO 偏高或稍偏高，其他成分含量接近，总体上 Fe_2O_3<FeO、MgO<CaO、K_2O<Na_2O。C 岩组大理岩 SiO_2、MgO 含量明显偏低，CaO 明显偏高，与世界碳酸盐岩平均值比较，SiO_2、MgO 偏高，CaO、K_2O、Na_2O、Fe_2O_3 偏低，其他氧化物含量接近，说明大理岩原岩为灰岩，形成于开阔台地环境，而且未发生白云岩化。A、B、C 三个岩组中变质碎屑岩化学成分变化较大，3 个岩组化学成分相比，A 岩组 SiO_2 偏高，Al_2O_3、Fe_2O_3、FeO、K_2O、Na_2O 偏低，B 岩组 Al_2O_3、MgO、K_2O、Na_2O、FeO 偏高，SiO_2、CaO 偏低，C 岩组 Fe_2O_3、FeO 偏低，K_2O、Na_2O 偏高。

表 2-4　布伦阔勒岩群岩石化学特征表　　　　(%)

岩组	样品号	岩石名称	SiO_2	Al_2O_3	Fe_2O_3	CaO	MgO	MnO	TiO_2	P_2O_5	K_2O	Na_2O	FeO	H_2O^+	H_2O^-	LOI	Σ
C岩组	D3082/1	含橄榄石大理岩	2.94	1.26	0.51	50.94	3.08	0.01	0.10	<0.01	0.24	0.06	0.20	—	0.08	41.07	100.49
	D036/1	大理岩	3.96	0.63	0.17	52.73	0.66	0.07	0.05	0.03	0.16	0.16	0.18	—	0.02	41.56	100.38
	D3085/1	含石榴子石二云石英片岩	69.01	15.69	0.97	1.39	1.80	0.05	0.70	0.08	3.20	2.02	3.83	0.62	0.04	0.40	99.80
	D3086/3	二云斜长片岩	67.83	15.32	1.14	2.68	1.50	0.07	0.60	0.11	2.69	3.83	2.76	0.47	0.08	1.03	100.11
B岩组	D541/1	十字石榴白云石英片岩	57.97	27.50	4.78	0.18	1.15	0.18	0.80	0.06	1.75	1.16	3.28	1.78	0.15	0.31	101.05
	D542/7	二云石英片岩	60.65	17.31	1.44	2.41	4.18	0.10	0.90	0.18	2.60	2.82	5.87	0.96	0.11	1.35	100.88
	D1550/3	斜长角闪岩	49.29	16.07	3.19	10.18	6.64	0.20	1.25	0.13	0.40	3.00	9.64	0.22	0.01	0.58	100.80
	D3504/1	石榴黑云石英片岩	66.66	14.49	0.99	1.28	3.77	0.03	0.70	0.21	2.05	2.88	5.39	1.36	0.05	0.92	100.78
A岩组	D1546/3	黑云石英粒岩	82.25	7.69	0.63	2.43	1.75	0.09	0.30	0.06	1.03	1.22	1.72	0.25	<0.01	1.06	100.48
世界基性玄武岩平均值			50.00	16.08	4.22	9.75	6.30	0.36	1.29	0.36	1.24	2.78	6.80	—	—	—	—
世界碳酸盐岩平均值			5.19	0.81	0.15	42.01	7.90	0.12	0.06	0.03	0.025	0.036	0.16	—	—	42.25	—

2. 微量元素

微量元素特征见表 2-5。表中反映不仅变质碎屑岩微量元素含量变化大，而且变质火山岩和变质碎屑岩微量元素含量也不同，表明布伦阔勒岩群原岩物源复杂。A 岩组变质碎屑岩微量元素与地壳克拉克值对比，亲石元素 Zr 强亏损，Sr、Rb、Ba、Th、Ta、Nb、U、Hf、Y 亏损，过渡元素 Cr、Co、V 富集，Sc、Ni、Ga 亏损，亲石元素多数亏损表明亲石元素在变质过程中有迁移。B 岩组变质碎屑岩微量元素平均值与地壳克拉克值对比，亲石元素 Ba、Th、Nb 富集，Sr、Rb、Ta、Zr、U、Hf、Y 亏损，过渡元素 Ni 弱亏损，Sc、Cr、Co、V、Ga 富集，以上特征说明亲石元素在变质过程中有迁移，造成亲石元素不同程度的亏损。斜长角闪岩微量元素与世界基性玄武岩平均值对比，斜长角闪岩微量元素与世界基性玄武岩平均值对比，亲石元素 Rb、Y 富集，Sr、Ba、Th、Ta、Nb、Zr、U、Hf 亏损，过渡元素 Sc 强富集，V 富集，Cr、Ni、Ga 亏损，Co 基本一致。C 岩组大理岩微量元素与世界碳酸盐岩平均值对比，亲石元素 Rb、Ba、Nb 强富集，Th、Ta、Zr、U、Hf 富集，Y 亏损，Sr 强亏损，过渡元素 Sc、Cr、Co 强富集，V、Ga 富集，Ni 亏损，该样品采自接触交代变质的外接触带，微量元素多数富集与热液交代有关。变质碎屑岩微量元素与地壳克拉克值对比，亲石元素 Ba、Th 富集，Sr、Rb、Ta、Nb、Zr、U、Hf、Y 亏损，过渡元素 Sc、Ga 富集，Cr、Co、Ni、V 亏损。3 个岩组微量元素特征比较，B 岩组微量元素含量高。A 岩组 Sr、Cr 量较高，其他元素相对较低。B 岩组 Ba、Th、Ta、Nb、Zr、U、Hf、Y、Sc、Cr、Co、Ni、V、Ga 量较高。C 岩组 Sr、Rb、Ba、Th、Ta 量较高，其余元素相对较低。

3. 稀土元素

稀土元素特征见表 2-6，表中反映变质碎屑岩稀土元素含量、稀土总量、轻重稀土比值、δEu、δCe、$(La/Yb)_N$、$(La/Sm)_N$、$(Gd/Yb)_N$变化大。A 岩组轻重稀土比值大，轻稀土强富集，Eu 亏损，Ce 亏损。轻、重稀土分馏明显。稀土配分模式曲线向右陡倾(图 2-6)，与活动陆缘和被动陆缘碎屑岩稀土配分模式曲线特征类似。B 岩组轻重稀土比值较大，轻稀土强富集，Eu 强亏损—亏损，多数岩石 Ce 亏损，部分岩石 Ce 富集，轻、重稀土分馏明显。稀土配分模式曲线向右陡倾(图 2-6)，类似于活动陆缘和被动陆缘碎屑岩稀土配分模式曲线特征。变质基性火山岩轻、重稀土比值较大，轻稀土有一定程度富集，Eu 弱富集，Ce 亏损，轻稀土有一定程度分馏，重稀土分馏弱。稀土配分模式曲线略向右倾(图 2-6)，与洋岛拉斑玄武岩稀土配分模式曲线类似。

表 2-5　布伦阔勒岩群微量元素特征表

岩组	样品号	岩石名称	Sr	Rb	Ba	Th	Ta	Nb	Zr	U	Hf	Y	Sc
C岩组	D3085/1	含石榴子石二云石英片岩	164	159	791	11.40	0.76	14.60	13.20	1.19	0.27	15.20	14.10
	D3086/3	二云斜长片岩	252	115	1 244	29.80	0.93	12.50	17.00	3.31	0.34	17.20	7.35
	D3501/4	含透辉石大理岩	85	53	225	8.34	0.82	15.80	38.50	2.64	0.64	23.20	12.20
B岩组	D541/1	十字石榴白云石英片岩	94	110	307	16.10	1.83	35.10	67.80	1.87	1.17	20.20	15.40
	D542/1	十字石榴二云片岩	164	139	734	19.70	2.41	44.00	131.00	2.00	2.36	34.70	21.70
	D542/7	二云石英片岩	84	124	730	18.20	1.40	25.20	66.10	2.73	1.26	23.60	19.10
	D542/11	石榴黑云石英片岩	146	87	446	18.20	1.57	26.40	45.40	2.72	0.83	28.10	14.00
	D544/4	二云石英片岩	108	289	1 156	17.70	1.47	26.90	12.90	1.70	0.47	27.00	24.90
	D545/1	二云石英片岩	148	128	1 195	11.10	1.30	24.40	11.10	2.41	0.23	15.00	22.90
	D545/5	石榴二云石英片岩	111	95	821	17.20	1.46	25.30	60.40	2.53	1.09	24.70	22.60
	D1549/2	石榴黑云斜长片麻岩	122	81	630	9.35	0.86	17.30	8.53	2.18	0.19	27.20	17.90
	D1550/3	斜长角闪岩	122	8	55	0.46	0.31	5.80	24.80	0.13	0.92	24.00	47.00
	D3075/1	黑云斜长片麻岩	191	224	987	16.70	1.28	22.10	4.96	1.83	0.13	14.10	21.10
	D3502/2	黑云斜长变粒岩	43	44	259	7.82	0.73	14.90	15.90	1.83	0.29	27.40	18.70
	D3504/1	石榴黑云石英片岩	85	53	225	8.34	0.82	15.80	38.50	2.64	0.64	23.20	12.20
B岩组变质碎屑岩平均值			118	125	681	14.60	1.38	25.20	42.10	2.22	0.79	24.10	19.10
A岩组	D1546/3	黑云斜长石英粒岩	204	54	256	5.37	0.70	12.10	18.90	0.66	0.35	12.90	4.99
地壳克拉克值(维氏,1962)			340	150	650	13.00	2.50	20.00	170.00	2.50	1.00	29.00	10.00
世界基性玄武岩平均值			440	5	300	3.00	0.48	20.00	100.00	0.50	1.00	20.00	2.40
世界碳酸盐岩平均值(涂和费,1961)			610	3	10	1.70	0.01	0.30	19.00	2.20	0.30	30.00	1.00

岩组	样品号	岩石名称	Cr	Co	Ni	V	Ga	Au	Ag	Cu	Pb	Zn
C岩组	D3085/1	含石榴子石二云石英片岩	59.30	11.70	30.00	87.00	21.40	—	—	69.10	18.30	89.80
	D3086/3	二云斜长片岩	9.88	7.15	5.16	54.40	21.80	—	—	48.60	311.00	67.50
	D3501/4	含透辉石大理岩	130.00	12.30	17.90	114.00	13.00	—	—	38.80	4.740	64.80
B岩组	D541/1	十字石榴白云石英片岩	73.20	16.90	21.20	84.80	20.80	1.72	140	128.00	51.30	93.60
	D542/1	十字石榴二云片岩	100.00	26.30	48.20	175.00	28.30	3.13	150	199.00	33.70	120.00
	D542/7	二云石英片岩	99.30	17.30	38.30	123.00	22.00	1.06	130	666.00	31.10	118.00
	D542/11	石榴黑云石英片岩	83.90	13.50	27.10	95.00	16.90	2.09	160	561.00	34.00	94.30
	D544/4	二云石英片岩	113.00	23.60	61.00	131.00	27.20	2.05	140	84.10	18.50	39.30
	D545/1	二云石英片岩	104.00	20.30	45.40	168.00	24.40	2.55	150	53.50	15.60	91.40
	D545/5	石榴二云石英片岩	115.00	17.60	51.90	145.00	26.20	1.95	130	68.80	11.00	51.70
	D1549/2	石榴黑云斜长片麻岩	120.00	79.90	265.00	169.00	19.20	—	—	154.00	16.90	149.00
	D1550/3	斜长角闪岩	196.00	45.00	77.80	290.00	14.80	—	—	114.00	4.19	170.00
	D3075/1	黑云斜长片麻岩	121.00	20.10	49.60	139.00	23.70	—	—	33.50	15.10	129.00
	D3502/2	黑云斜长变粒岩	105.00	8.24	—	95.30	15.90	—	—	20.50	3.65	39.90
	D3504/1	石榴黑云石英片岩	130.00	12.30	17.90	114.00	13.00	—	—	38.80	4.74	64.80
B岩组变质碎屑岩平均值			105.90	23.30	56.90	130.80	21.60	2.08	143	176.80	38.00	96.80
A岩组	D1546/3	黑云斜长石英粒岩	161.00	5.16	14.30	39.00	8.61	—	—	14.50	7.85	46.10
地壳克拉克值(维氏,1962)			83.00	18.00	58.00	90.00	19.00	4.00	80	63.00	12.00	94.00
世界基性玄武岩平均值			200.00	45.00	160.00	200.00	18.00	—	—	—	—	—
世界碳酸盐岩平均值(涂和费,1961)			11.00	0.10	20.00	20.00	4.00	—	—	—	—	—

注:表中 Au、Ag 元素含量单位为$\times10^{-9}$,其他元素含量单位为$\times10^{-6}$。

表 2-6 布伦阔勒岩群稀土元素特征表

岩组	样品号	岩石名称	稀土元素含量(×10⁻⁶)												
			La	Ce	Pr	Nd	Sm	Eu	Gd	Tb	Dy	Ho	Er	Tm	Yb
C岩组	D3085/1	含石榴子石二云石英片岩	45.60	87.30	9.96	41.60	7.72	1.69	6.65	0.82	3.72	0.63	1.63	0.26	1.52
	D3086/3	二云斜长片岩	126.00	156.00	15.80	52.40	5.79	1.91	7.67	0.66	3.15	0.61	1.94	0.32	1.83
B岩组	D541/1	十字石榴白云石英片岩	36.60	115.00	8.65	31.90	6.05	1.04	5.06	0.72	4.05	0.80	2.37	0.33	2.09
	D542/1	十字石榴二云片岩	55.50	130.00	12.70	45.70	8.80	1.78	8.05	1.20	7.16	1.41	4.21	0.57	3.71
	D542/7	二云石英片岩	52.80	94.20	11.70	42.60	8.62	1.63	7.41	1.01	5.30	0.92	2.73	0.34	2.27
	D542/11	石榴黑云石英片岩	66.80	126.00	14.70	55.50	10.70	1.56	9.09	1.26	6.08	1.10	3.13	0.43	2.73
	D544/4	二云石英片岩	53.10	92.60	11.60	43.00	8.69	1.84	8.02	1.03	5.36	0.94	2.78	0.33	2.06
	D545/1	二云石英片岩	37.00	77.90	8.95	34.50	6.98	1.70	6.32	0.85	4.19	0.63	1.71	0.20	1.37
	D545/5	石榴二云石英片岩	43.60	78.50	9.65	35.80	7.01	1.60	6.52	0.93	5.04	0.96	2.76	0.37	2.22
	D1549/2	石榴黑云斜长片麻岩	79.60	83.70	10.20	36.50	6.27	1.68	6.64	1.00	5.44	1.01	3.25	0.43	2.79
	D1550/3	斜长角闪岩	6.57	12.30	1.95	9.31	3.00	1.10	3.35	0.68	4.68	0.96	2.90	0.42	2.65
	D3075/1	黑云斜长片麻岩	40.70	82.40	9.74	34.30	7.00	1.71	7.19	0.88	4.16	0.58	1.66	0.16	1.03
	D3502/2	黑云斜长变粒岩	30.20	61.00	7.22	29.20	6.58	1.40	6.46	1.02	5.62	1.05	2.93	0.37	2.41
	D3504/1	石榴黑云石英片岩	28.40	59.10	6.61	25.50	5.18	0.88	5.29	0.78	4.32	0.85	2.49	0.31	2.01
A岩组	D1546/3	黑云斜长石英粒岩	18.60	37.50	4.48	16.50	3.28	0.78	3.27	0.49	2.68	0.50	1.47	0.19	1.12

岩组	样品号	岩石名称	稀土元素含量(×10⁻⁶)				特征参数值					
			Lu	ΣREE	LREE	HREE	LREE/HREE	δEu	δCe	$(La/Yb)_N$	$(La/Sm)_N$	$(Gd/Yb)_N$
C岩组	D3085/1	含石榴子石二云石英片岩	0.25	209.35	193.90	15.50	12.51	0.71	0.89	19.43	3.39	3.71
	D3086/3	二云斜长片岩	0.32	374.40	357.50	16.50	21.67	0.89	0.68	44.65	12.48	3.55
B岩组	D541/1	十字石榴白云石英片岩	0.32	214.99	199.20	15.80	12.65	0.56	1.41	11.30	3.47	2.05
	D542/1	十字石榴二云片岩	0.55	281.34	254.50	26.90	9.47	0.64	1.07	9.66	3.62	1.83
	D542/7	二云石英片岩	0.34	231.87	211.60	20.30	10.41	0.61	0.82	13.14	3.51	2.77
	D542/11	石榴黑云石英片岩	0.42	299.50	275.30	24.20	11.36	0.48	0.87	15.85	3.58	2.82
	D544/4	二云石英片岩	0.29	231.64	210.80	20.80	10.13	0.67	0.79	16.62	3.50	3.28
	D545/1	二云石英片岩	0.20	182.49	167.00	15.50	10.79	0.78	0.94	17.55	3.04	3.92
	D545/5	石榴二云石英片岩	0.32	195.28	176.20	19.10	9.22	0.72	0.83	12.69	3.57	2.49
	D1549/2	石榴黑云斜长片麻岩	0.42	238.93	218.00	21.00	10.39	0.80	0.58	18.43	7.29	2.01
	D1550/3	斜长角闪岩	0.41	50.27	34.20	16.00	2.13	1.07	0.76	1.61	1.25	1.08
	D3075/1	黑云斜长片麻岩	0.13	191.66	175.90	15.80	11.13	0.74	0.91	25.47	3.33	5.89
	D3502/2	黑云斜长变粒岩	0.35	155.82	135.60	20.20	6.71	0.66	0.90	8.07	2.64	2.25
	D3504/1	石榴黑云石英片岩	0.27	142.00	125.70	16.30	7.72	0.43	0.94	9.18	3.14	2.23
A岩组	D1546/3	黑云斜长石英粒岩	0.17	91.01	81.10	9.90	8.22	0.73	0.90	10.73	3.26	2.47

4. 成矿元素

成矿元素特征见表 2-5，表中反映 Au、Ag 含量变化小，Cu、Pb、Zn 含量变化大。A 岩组与地壳克拉克值相比，Cu、Pb、Zn 含量低于克拉克值；B 岩组与地壳克拉克值相比，Au 含量低于克拉克值，Zn 略高于克拉克值，Ag、Cu、Pb 高于克拉克值，部分岩石 Cu、Pb 含量是克拉克值的近 10 倍；C

岩组与地壳克拉克值相比，Cu、Pb、Zn 低于克拉克值，Pb 采集糜棱岩带样品是克拉克值 26 倍。结合区域资料综合分析，布伦阔勒岩群成矿条件不好，仅在糜棱岩带对 Pb 有利成矿。

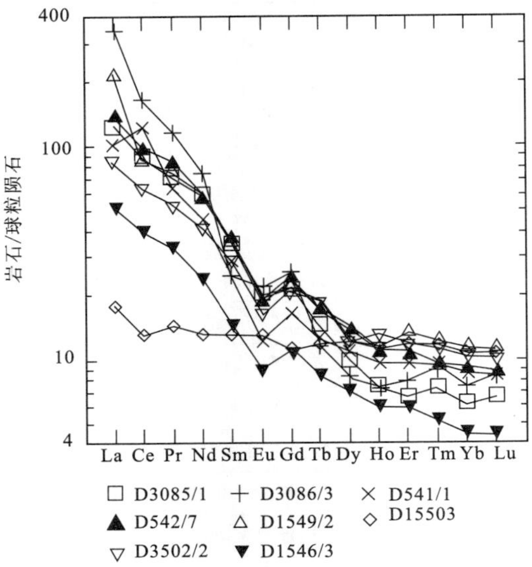

图 2-6　布伦阔勒岩群稀土配分模式曲线

（四）原岩恢复

测区内布伦阔勒岩群根据野外产出特征和室内镜下鉴定，初步恢复原岩为碎屑岩、碳酸盐岩夹基性火山岩，内有古老的中酸性侵入体侵入。主要依据有：①该地层具有“层状”特征；②地层中夹有规模不等的大理岩、石英岩，而后者原岩为碳酸盐岩和石英砂岩；③变粒岩、片岩、片麻岩中特征变质矿物（矽线石、石榴子石、十字石）也表明原岩为沉积岩；④斜长角闪岩呈大小不等的透镜体，长轴与围岩面理平行，原岩为基性火山岩；⑤部分黑云斜长片麻岩残余组构和矿物成分反映原岩为侵入岩；⑥野外路头观察岩性在较小范围内有规律变化，而且多数呈渐变关系。

现在进一步利用岩石化学和地球化学特征恢复原岩。

A 岩组通过岩石化学计算，利用[(al＋fm)-(c＋alk)]-Si 图解（图 2-7）恢复原岩，投于砂岩区，再利用（Al＋Fe＋Ti)-(Ca＋Mg)图解（图 2-8），投于杂砂岩下方，进一步利用 Log(Na_2O/K_2O)-Log(SiO_2/Al_2O_3)图解（图 2-9）判别岩石类型，投于亚长石砂岩类。该岩组中的片岩野外观察原岩为泥质岩和泥质碎屑岩。

综合分析 A 岩组原岩为泥质岩、泥质碎屑岩和亚长石砂岩。

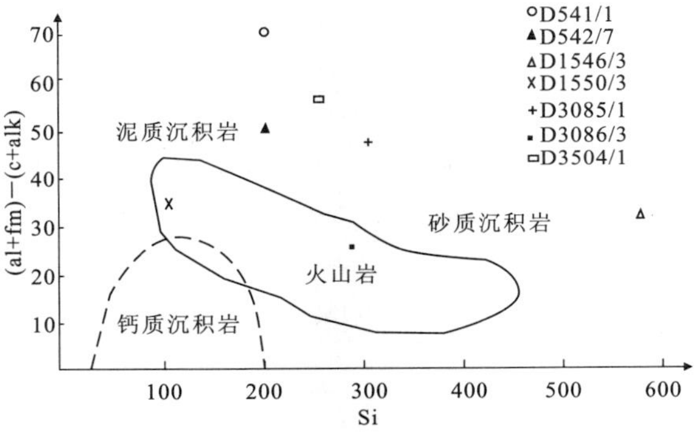

图 2-7　布伦阔勒岩群[(al＋fm)-(c＋alk)]-Si 图解
（据西蒙南，1953 简化）

B 岩组利用[(al＋fm)-(c＋alk)]-Si 图解（图 2-7）恢复原岩，投于泥质沉积岩、砂质岩和火山岩区，砂岩进一步利用（Al＋Fe＋Ti)-(Ca＋Mg)图解（图 2-8），投于杂砂岩，再利用 Log(Na_2O/K_2O)-Log(SiO_2/Al_2O_3)图解（图 2-9）判别岩石类型，投于杂砂岩类。该岩组中的片岩野外观察原岩为泥质岩和泥质碎屑岩。斜长角闪岩利用[(al＋fm)-(c＋alk)]-Si 图解（图 2-7）和（Al＋Fe＋Ti)-(Ca＋Mg)图解（图 2-8）判断其原岩为玄武岩。大理岩原岩为碳酸盐岩。

综合分析 B 岩组原岩为杂砂岩、泥质岩和泥质碎屑岩夹基性火山岩、碳酸盐岩。

C 岩组利用[(al＋fm)-(c＋alk)]-Si 图解（图 2-7）恢复原岩，投于砂质岩和火山岩区，砂岩进一步利用（Al＋Fe＋Ti)-(Ca＋Mg)图解（图 2-8），投于亚杂砂岩，再利用 Log(Na_2O/K_2O)-Log(SiO_2/Al_2O_3)图解（图 2-9）判别岩石类型，投于杂砂岩类。二云斜长片岩通过[(al＋fm)-(c＋alk)]-Si 图解，恢复原岩为火山岩，SiO_2＝67.83%，综合野外产状特征，变质原岩为火山沉积岩。大理岩原岩为碳酸盐岩。

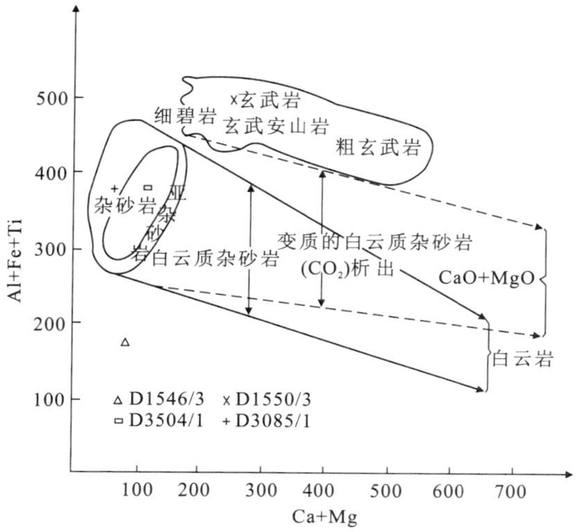

图 2-8 布伦阔勒岩群(Al+Fe+Ti)-(Ca+Mg)图解

(据莫伊纳和罗谢,1968)

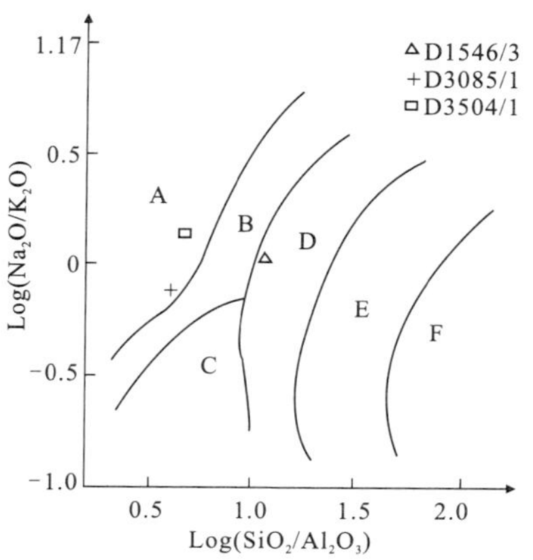

图 2-9 布伦阔勒岩群变质碎屑岩 $Log(Na_2O/K_2O)-Log(SiO_2/Al_2O_3)$ 图解

A. 杂砂岩;B. 岩屑砂屑岩;C. 长石砂岩;

D. 亚长石砂岩;E. 亚岩屑砂屑岩;

F. 长石岩屑砂岩

(据佩蒂约翰等,1972 简化)

结合野外特征 C 岩组原岩为杂砂岩夹碳酸盐岩。

(五)大地构造环境

布伦阔勒岩群变质深,原岩组构被完全改造,仅通过变质岩岩石化学和地球化学特征讨论其形成大地构造环境。

1. A 岩组

变质碎屑岩与 Bhatia(1985)不同构造环境杂砂岩平均化学成分对比,介于被动陆缘和活动陆缘之间(表 2-7),主体接近被动陆缘。通过岩石化学计算,利用砂岩常量元素 $TiO_2-(Fe_2O_3^*+MgO)$ 成分判别图(图 2-10),投于大陆岛弧环境,再利用杂砂岩 K_2O/Na_2O-SiO_2 构造环境判别图(图 2-11)投于被动陆缘。

表 2-7 布伦阔勒岩群、温泉沟岩群变质碎屑岩平均化学成分与 Bhatia(1985)太古宙和元古宙变质碎屑岩及不同构造环境杂砂岩对比表 (%)

类型	太古宙	元古宙	大洋岛弧	大陆岛弧	活动陆缘	被动陆缘	布伦阔勒岩群 A 岩组	布伦阔勒岩群 B 岩组	布伦阔勒岩群 C 岩组	甜水海岩群
SiO_2	65.7±2.2	70.0±3.4	58.83±1.6	70.69±2.6	73.86±4.0	81.95±6.2	82.25	61.76	69.01	71.56
TiO_2	0.6±0.1	0.6±0.1	1.06±0.2	0.64±0.1	0.46±0.1	0.49±0.2	0.30	0.80	0.70	0.56
Al_2O_3	14.9±1.3	14.5±1.7	17.1±1.7	14.04±1.1	12.89±2.1	8.41±2.2	7.69	19.77	15.69	13.26
Fe_2O_3	—	—	1.95±0.5	1.43±0.5	1.30±0.5	1.32±1.6	0.63	2.40	0.97	1.44
FeO	6.4±1.5	5.5±1.9	5.52±2.1	3.05±0.4	1.58±0.9	1.76±1.2	1.72	4.85	2.83	2.00
MnO	—	—	0.15	0.10	0.10	0.05	0.09	0.10	0.05	0.04
MgO	3.6±1.0	2.1±0.5	3.65±0.7	1.97±0.5	1.23±0.5	1.39±0.8	1.75	3.03	1.8	1.94
CaO	3.3±1.1	1.7±0.7	5.83±1.3	2.68±0.9	2.48±1.0	1.89±2.3	2.43	1.29	1.39	1.20
Na_2O	2.9±0.5	1.8±0.6	4.10±0.8	3.12±0.4	2.77±0.7	1.07±2.6	1.22	2.29	2.02	2.47
K_2O	2.2±0.3	3.5±0.6	1.60±0.6	1.89±0.5	2.90±0.5	1.71±0.6	1.03	2.13	3.2	3.92

续表 2-7

类型	太古宙	元古宙	大洋岛弧	大陆岛弧	活动陆缘	被动陆缘	布伦阔勒岩群A岩组	布伦阔勒岩群B岩组	布伦阔勒岩群C岩组	甜水海岩群
P_2O_5	—	—	2.6±0.1	0.16±0.1	0.09	0.12	0.06	0.15	0.18	0.13
$Fe_2O_3^*+MgO$	—	—	11.73	6.79	4.63	2.89	4.03	10.04	5.50	5.24
Al_2O_3/SiO_2	0.23	0.21	0.29	0.20	0.18	0.10	0.09	0.32	0.23	0.19
K_2O/Na_2O	0.76	0.18	0.39	0.61	0.99	1.60	0.84	0.93	1.58	0.63
$Al_2O_3/(CaO+Na_2O)$	2.40	4.14	1.72	2.42	2.56	4.15	2.11	5.52	4.60	3.61

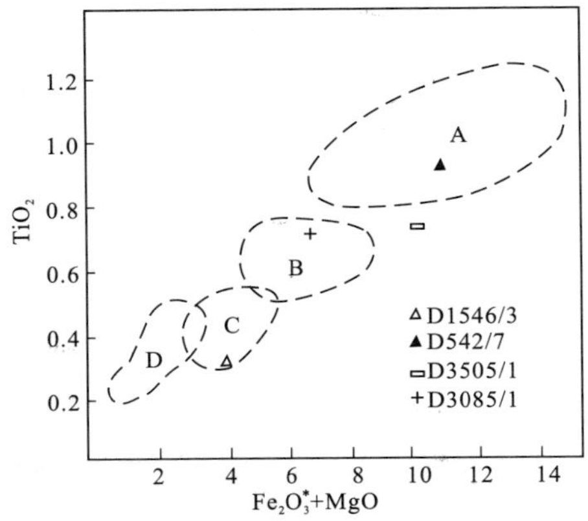

图 2-10 布伦阔勒岩群变质杂砂岩 TiO_2-($Fe_2O_3^*$+MgO)构造环境判别图

A. 大洋岛弧；B. 大陆岛弧；

C. 活动大陆边缘；D. 被动大陆边缘

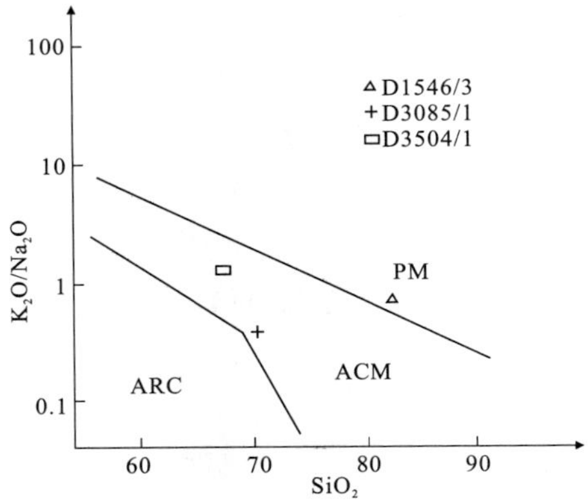

图 2-11 布伦阔勒岩群变质杂砂岩 K_2O/Na_2O-SiO_2 构造环境判别图

ARC. 大洋岛弧边缘；ACM. 活动大陆边缘(大陆岛弧)；

PM. 被动大陆边缘

微量元素平均值与 Bhatia (1985)不同构造环境杂砂岩平均值对比(表 2-8)，显示复杂，介于大陆岛弧和活动陆缘之间，部分与被动陆缘接近，利用 La-Th-Sc 图解(图 2-12)投于大陆岛弧环境。

表 2-8 布伦阔勒岩群、温泉沟岩群变质碎屑岩微量元素平均值与 Bhatia(1985)不同构造环境杂砂岩微量元素平均值对比表

类型	大洋岛弧	大陆岛弧	活动陆缘	被动陆缘	布伦阔勒岩群A岩组	布伦阔勒岩群B岩组	布伦阔勒岩群C岩组	甜水海岩群
Rb/Sr	0.05±0.05	0.65±0.33	0.89±0.24	1.19±0.40	0.27	1.06	0.97	1.99
Ba/Rb	21.3±5.0	7.5±1.3	4.5±0.8	4.7±1.1	4.73	5.45	4.97	6.72
Ba/Sr	0.95±0.6	3.55±1.4	3.8±0.7	4.7±1.3	1.25	5.78	4.82	13.36
Th($\times10^{-6}$)	2.27±0.7	1.11±1.1	18.8±3.0	16.7±3.65	5.37	14.60	11.40	10.10
U($\times10^{-6}$)	1.09±0.21	2.53±0.24	3.90±0.5	3.20±0.8	0.66	2.22	1.19	1.64
Zr($\times10^{-6}$)	96±20	229±27	179±33	298±80	18.90	42.10	13.20	110.70
Nb($\times10^{-6}$)	2.0±0.4	8.5±0.8	10.7±1.4	7.9±1.9	12.10	25.20	14.60	27.80
Y($\times10^{-6}$)	19.5±5.6	24.2±2.2	24.9±3.6	27.3±5.3	12.90	24.10	15.20	34.50
Th/U	2.1±0.78	4.6±0.45	4.8±0.38	5.6±0.67	8.15	6.58	9.58	6.16

续表 2-8

类型	大洋岛弧	大陆岛弧	活动陆缘	被动陆缘	布伦阔勒岩群A岩组	布伦阔勒岩群B岩组	布伦阔勒岩群C岩组	甜水海岩群
Zr/Th	48.0±13.4	21.5±2.4	9.5±0.7	19.1±5.8	3.52	2.88	1.16	10.96
Zr/Y	5.67±1.94	9.6±0.8	7.2±0.4	12.4±4.0	1.47	1.75	0.87	3.21
Nb/Y	0.11±0.03	0.36±0.04	0.43±0.04	0.30±0.06	0.94	1.05	0.96	0.81
La($\times10^{-6}$)	8.72±2.5	24.4±2.3	33.0±4.5	33.5±5.8	18.60	47.70	45.60	52.70
Ce($\times10^{-6}$)	22.53±5.9	50.5±4.3	72.7±9.8	71.9±11.5	37.50	90.95	87.30	98.00
Nd($\times10^{-6}$)	11.36±2.9	20.8±1.6	25.4±3.4	29.0±5.03	16.50	37.68	41.60	49.25
Sc($\times10^{-6}$)	19.5±5.2	14.8±1.7	8.0±1.1	6.0±1.4	4.99	19.10	14.10	7.75
V($\times10^{-6}$)	131±40	89±13.7	48±5.9	31±9.9	39.00	130.80	87.00	37.60
Cr($\times10^{-6}$)	37±13	51±6.5	26±4.9	39±8.5	161.00	105.90	59.30	52.10
Co($\times10^{-6}$)	18±6.3	12±2.7	10±1.7	5±2.4	5.16	23.30	11.70	8.00
Ni($\times10^{-6}$)	11±5.1	13±2.0	10±2.5	8±4.4	14.30	56.90	30.00	13.70
Ga($\times10^{-6}$)	17±1.9	13±1.3	14±1.5	8±1.6	8.61	21.60	21.40	17.20
Ni/Co	0.62±0.16	1.22±0.25	1.04±0.19	1.42±0.41	2.77	2.44	2.56	1.71
Sc/Cr	0.57±0.16	0.32±0.06	0.30±0.02	0.6±0.02	0.03	0.18	1.21	0.15

稀土元素配分曲线与不同构造环境碎屑岩稀土配分模式曲线(图 2-13,经过球粒陨石标准化;报告内各地层稀土配分模式曲线与此曲线对比)对比,与活动陆缘和被动陆缘砂岩的稀土配分曲线特征相似,与 Bhatia(1985)砂岩构造背景的 REE 判别函数比较(表 2-9),与大陆岛弧接近。沉积物来自多个成因复杂的源区,造成岩石化学计算投影复杂。

综合分析该岩组形成大地构造环境类似于活动陆缘环境。

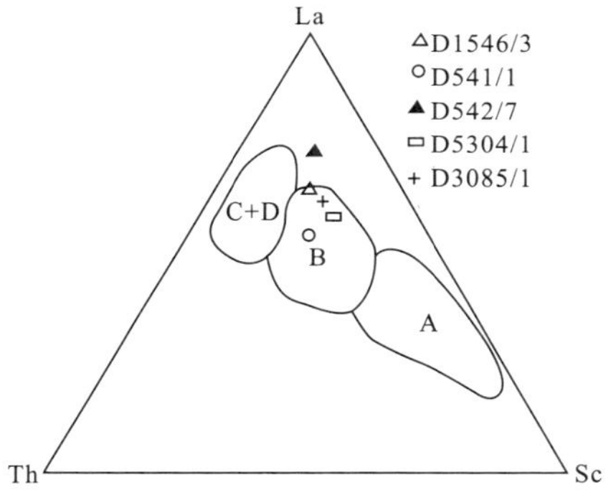

图 2-12 布伦阔勒岩群变质碎屑岩微量元素 La-Th-Sc 构造环境判别图

A. 大洋岛弧;B. 大陆岛弧;C. 活动大陆边缘;D. 被动大陆边缘

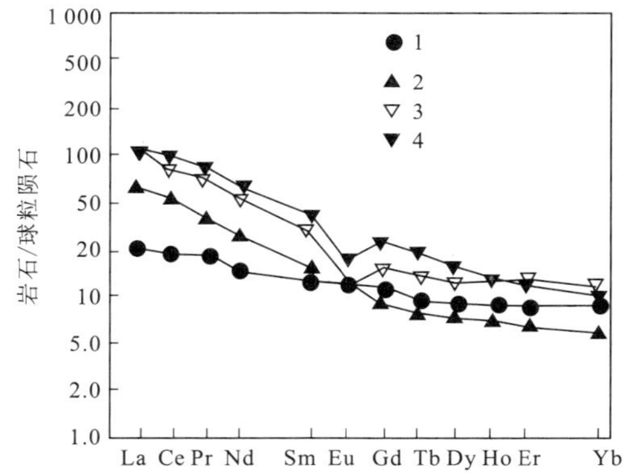

图 2-13 各种构造背景碎屑岩稀土元素配分模式图

1. 大洋岛弧;2. 大陆岛弧;3. 活动陆缘;4. 被动陆缘

2. B 岩组

变质碎屑岩与 Bhatia (1985)不同构造环境杂砂岩平均化学成分对比,介于大洋岛弧、大陆岛弧和活动陆缘之间(表 2-7),主体接近活动陆缘。利用砂岩常量元素 TiO_2-($Fe_2O_3^*$ +MgO)成分判别图(图 2-10),投于大洋岛弧环境和靠近大洋岛弧环境,再利用杂砂岩 K_2O/Na_2O-SiO_2 构造环境判别图(图 2-11)投于活动陆缘(大陆岛弧)和大洋岛弧环境。

表 2-9　布伦阔勒岩群碎屑岩稀土元素与 Bhatia(1985)砂岩构造背景的 REE 判别函数对比表

构造背景	源区类型	REE 参数		REE	La/Yb	$(La/Yb)_N$	LREE/HREE	Eu/Eu*
		La	Ce					
大洋岛弧	未切割岩浆弧	8±1.7	19±3.7	58±10	4.2±1.3	2.8±0.9	3.8±0.9	1.04±0.11
大陆岛弧	切割岩浆弧	27±4.5	59±8.2	146±20	11.0±3.6	7.5±2.5	7.7±1.7	0.79±0.13
活动陆缘	上隆基底	37.0	78.00	186.0	12.50	8.50	9.10	0.60
被动陆缘	克拉通内部构造高地	39.0	85.00	210.0	15.90	10.80	8.50	0.56
布伦阔勒岩群 A 岩组		18.6	37.50	91.0	16.60	10.73	8.22	
布伦阔勒岩群 B 岩组		47.7	90.95	215.1	19.96	14.36	10.00	
布伦阔勒岩群 C 岩组		45.6	87.30	209.4	30.0	19.30	12.51	
温泉沟岩群		52.7	98.00	250.7	19.23	12.41	8.88	

微量元素平均值与 Bhatia (1985)不同构造环境杂砂岩平均值对比(表 2-8),显示复杂,介于大陆岛弧和活动陆缘之间,部分与被动陆缘、大洋岛弧接近,利用 La-Th-Sc 图解(图 2-12)投于大陆岛弧环境。

稀土元素配分曲线与不同构造环境沉积碎屑岩稀土配分模式曲线(图 2-13,碎屑岩地层稀土配分模式曲线与此图比较)比较,与活动陆缘和被动陆缘砂岩的稀土配分曲线特征类似,与 Bhatia (1985)砂岩构造背景的 REE 判别函数比较(表 2-9),与被动陆缘接近。

该岩群斜长角闪岩利用 TiO_2-MnO-P_2O_5 图解(图 2-14),投于岛弧拉斑玄武岩,利用微量元素 Hf/3-Th-Ta 图解(图 2-15),投于富集型洋中脊玄武岩,综合野外产出特征,基性火山岩应为岛弧拉斑玄武岩。

沉积物来自多个成因复杂的源区,造成岩石化学计算投影复杂。

综合分析该岩组形成环境类似于活动大陆边缘环境。

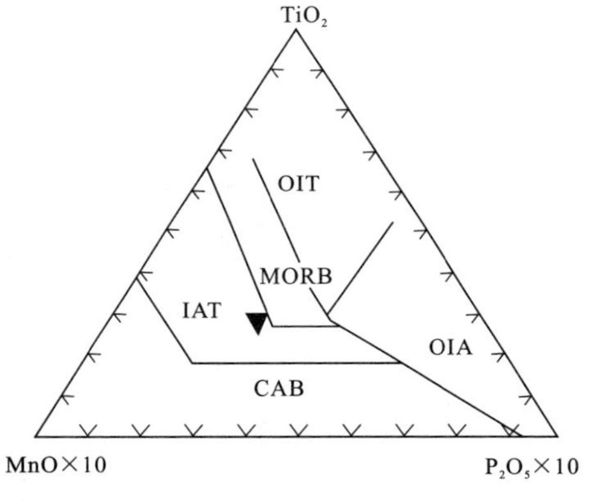

图 2-14　斜长角闪岩 TiO_2-MnO-P_2O_5 图解

OIT. 洋岛拉斑玄武岩;OIA. 洋岛碱性玄武岩;MORB. 洋中脊玄武岩;CAB. 钙碱性玄武岩;IAT. 岛弧拉斑玄武岩

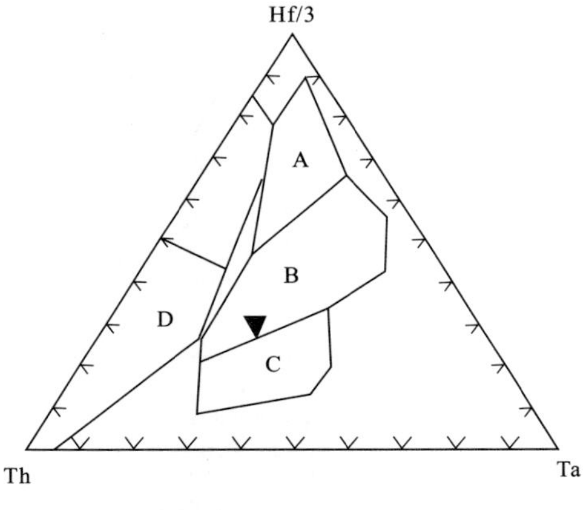

图 2-15　斜长角闪岩 Hf/3-Th-Ta 图解

A. M-MORB;B. P-MORB; C. 板内碱性玄武岩及分产物;D. 岛弧拉斑玄武岩及分异产物

3. C 岩组

变质碎屑岩与 Bhatia (1985)不同构造环境杂砂岩平均化学成分对比,介于大陆岛弧和活动陆缘之间(表2-7),主体接近活动陆缘。利用砂岩常量元素 $TiO_2-(Fe_2O_3^*+MgO)$成分判别图(图2-10),投于大陆岛弧环境。利用杂砂岩 K_2O/Na_2O-SiO_2构造环境判别图(图2-11)投于活动陆缘(大陆岛弧)。

微量元素平均值与 Bhatia (1985)不同构造环境杂砂岩平均值对比(表2-8),显示复杂,主体介于大陆岛弧和活动陆缘之间,利用 La-Th-Sc 图解(图2-12)投于大陆岛弧环境。

稀土元素配分曲线与活动陆缘和被动陆缘砂岩的稀土配分曲线相似,与 Bhatia(1985)砂岩构造背景的 REE 判别函数比较(表2-9),与被动陆缘接近。

沉积物来自多个成因复杂的源区,岩石化学投影复杂。

综合分析该岩组形成环境类似于活动大陆边缘环境。

(六)变质变形特征简述

布伦阔勒岩群变质深变性强,各岩组变质变形特征如下:

A岩组 根据碎屑岩变质矿物组合特征为石榴子石带,高绿片岩相-低角闪岩相变质。变形表现为面理强置换和背形构造,原生层理已不存在,沿强变形带侵入伟晶岩脉,总体构成一单斜构造。

B岩组 根据碎屑岩和基性火山岩变质矿物组合特征分为:岔河口一带为蓝晶石-十字石带、叶尔羌河东岸为石榴子石带、叶尔羌河西岸为黑云母带(高绿片岩相-角闪岩相变质)。变形表现为面理强置换,原生层理已不存在,同斜褶皱、顺层剪切变形、构造透镜体较发育,总体为一复背形。

C岩组 根据碎屑岩变质矿物组合特征为黑云母带,高绿片岩相-低角闪岩相变质,局部侵入体影响变质矿物出现石榴子石(接触变质造成的)。变形表现为面理强置换和同斜褶皱,大理岩变形过程中被改造成构造透镜体。

(七)形成时代

布伦阔勒岩群变质碎屑岩平均化学成分与太古宙和元古宙变质碎屑岩对比(表2-7),3个岩组分别与元古宇接近,前苏联在东南帕米尔与本群相当地层中采 U-Pb 和 Rb-Sr 等时线年龄2 700~2 130Ma。变质变形特征、原岩沉积建造和改造都与图外北部前人所划下元古界布伦阔勒岩群相似,故将其划为布伦阔勒岩群。

二、前寒武系(未分)(An∈)

前寒武系(未分)地层是本次工作中新建立的构造-岩石地层单位。属于乔戈里峰地层分区,可能为该区结晶基底。主要出露于测区塔吐鲁沟南音苏盖提,与两侧晚古生代地层加温达坂群断层接触,近北西向展布,向两侧延伸出国界。分布于海拔5 300m以上区域,冰雪覆盖大。出露面积230km²。从零星露头观察岩性为灰色块状石榴黑云斜长变粒岩。依据变质矿物组合分析为高绿片岩相-低角闪岩相变质。根据野外宏观特征和室内镜下鉴定,原岩为泥质碎屑岩。因为海拔高,冰雪覆盖大,通行困难,资料欠缺,依据变质较深特征,将其时代暂划为前寒武纪。

第三节 震旦系—下古生界

一、温泉沟岩群(S_1W)

温泉沟岩群由新疆地质局区调大队张玉谦、赵明钰、焦生瑞(1976)创名,创名地叶尔羌河上游,原始定义:与上覆达坂沟群整合接触,由一套海相碎屑岩夹碳酸盐岩组成,碎屑岩中含黄铁矿,纵、横向稳定。现在定义:岩性以浅变质的碎屑岩为主,有钙质粉砂岩、石英砂岩、千枚岩,顶界与达坂沟群整合接触,与下伏地层接触关系不明。

1984 年新疆地质局第一区调大队第四、十分队西昆仑 1∶100 万地质调查,1990 年《新疆古生界》(上)均使用温泉沟岩群,1993 年《新疆维吾尔自治区区域地质志》改用温泉沟组。本次调查沿用温泉沟岩群,时代为早志留世。

图区内温泉沟岩群出露于叶尔羌河两侧及库拉那古河一带,地层北侧与康西瓦构造混杂岩带接触,南侧以断层覆于布伦阔勒群(Pt_1B)之上,其中被大面积印支期、燕山期岩体侵蚀,出露不全。温泉沟岩群总体呈北西西向零星分布,出露面积约 700km^2。该岩群自下而上可进一步划分为 A、B、C、D 四个组,测区仅出露 A、B 两个组。岩性主要由变质长石石英杂砂岩、变质细砂岩、变质石英粉砂岩、变质细粒长石砂岩、砂质绢云母板岩等组成。剖面以 A、B 组分别描述。

(一)温泉沟岩群 A 组(S_1W^a)

1. 地层特征

温泉沟岩群 A 组出露于叶尔羌河两侧,呈带状以断层覆于布伦阔勒岩群之上,南、北两侧以断层与不同时期的岩体接触。出露厚度大于 8 780m。剖面以新疆塔什库尔干自治县阿孜尕尔北温泉沟岩群 A 组路线地质剖面为例,见图 2-16。

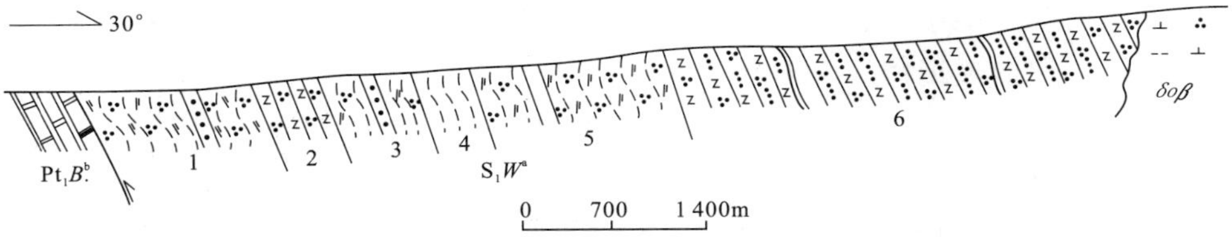

图 2-16　新疆塔什库尔干自治县阿孜尕尔北温泉沟岩群 A 组路线地质剖面图

黑云石英闪长岩

——————— 侵入接触 ———————

温泉沟岩群 A 组(S_1W^a)	**8 780m**
6. 灰色中厚层状变中粒长石石英砂岩,偶夹粉砂质板岩	3 650m
5. 灰色含石英绢云千枚岩,局部夹薄层变砂岩	1 500m
4. 灰色千枚岩	400m
3. 灰色含石英绢云千枚岩,局部夹薄层变砂岩	700m
2. 灰色中厚层状变中粒长石石英砂岩,偶夹粉砂质板岩	500m
1. 灰色含石英绢云千枚岩,局部夹薄层变砂岩	2 030m

═══════ 断　层 ═══════

下伏地层:布伦阔勒岩群大理岩

该组岩性以细碎屑岩为主,主要有变中粒长石石英砂岩、石英绢云千枚岩、变砂岩、粉砂质板岩等。剖面自下而上可以看到两个不完整的巨厚层沉积旋回,即下部由中厚层状变中粒长石石英砂岩、石英绢云千枚岩,上部由千枚岩组成。单个沉积旋回厚度大于 3 600m。横向上岩性变化不大,在东部地层中可见到少量火山岩,即:强绢云母化英安岩、片理化安山质角砾熔岩、片理化蚀变安山岩等。该套地层中未见生物化石。

2. 地球化学特征及含矿性

该岩组中碎屑岩微量元素含量见表 2-10,由表 2-10 中可见大部分元素含量变化不大。微量元素均值与地壳克拉克值相比，大离子活泼元素 Sr、Rb、Ba、Th、Ta、Nb 明显偏低，而过渡性不活泼元素 Sc、Cr 偏高，Co 偏低，其余则相差不大。

主要成矿元素 Cu、Pb、Zn、Ag 等未见富集(矿化)，含量变化不大，但其均值与地壳克拉克值相比较高。贵金属 Ag 含量高出克拉克值 2 倍，Cu、Pb 含量高出克拉克值 2 倍，背景较高，有利于成矿。

表 2-10 温泉沟岩群 A 组微量元素含量特征表

序号	样品号	岩石名称	Sr	Rb	Ba	Th	Ta	Nb	Zr	Hf	Sc	Cr
1	D2027/1G	绢云母板岩	114.0	157	452	14.4	0.71	13.4	204	3.6	17.1	110.00
2	D2027/2G	长石石英砂岩	96.1	87	640	10.2	0.77	13.2	128	2.35	11.7	219.00
平均值			105.1	122	546	12.3	0.74	13.3	166	2.98	14.4	82.66
地壳克拉克值			340.0	150	650	13.0	2.50	20.0	170	1.00	10.0	83.00
序号	样品号	岩石名称	Co	Ni	V	Ga	U	Au	Ag	Cu	Pb	Zn
1	D2027/1G	绢云母板岩	12.50	32.6	136.0	22.00	2.67	—	0.14	152.0	43.70	144.0
2	D2027/2G	长石石英砂岩	11.20	41.5	96.4	17.00	1.92	—	0.14	107.0	23.80	99.3
平均值			11.58	37.1	116.2	19.50	2.30	—	0.14	129.5	33.75	121.5
地壳克拉克值			18.00	58.0	90.0	19.00	2.50	4.00	0.08	63.0	12.00	94.0

注：表中 Au 元素含量单位为 $\times 10^{-9}$，其他元素含量单位为 $\times 10^{-6}$。

(二)温泉沟群 B 组(S_1W^b)

1. 地层描述

温泉沟群 B 组出露于库拉那古河一带，地层被大面积的第四纪冰碛物覆盖，露头极不连续。剖面以东临幅新疆叶城县麻扎志留系温泉沟群 B 组实测地质剖面为例，见图 2-17。

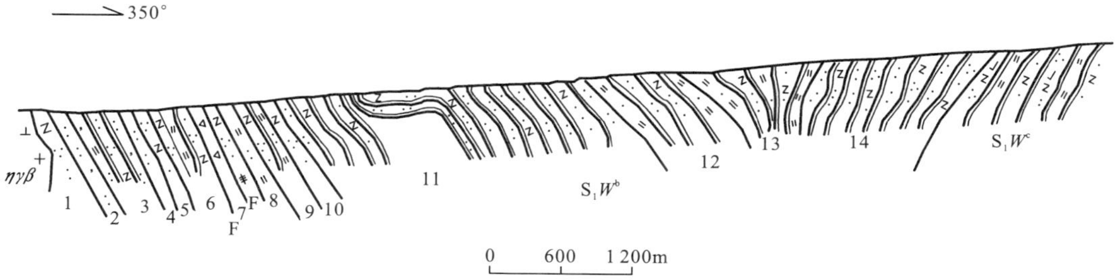

图 2-17 新疆叶城县麻扎志留系温泉沟群 B 组实测地质剖面图

上覆地层：温泉沟群 C 组灰色含钙长石石英粉砂岩 280m

———————— 构造面理 ————————

温泉沟群 B 组(S_1W^b) **4 434.3m**

14. 灰色、深灰色变质细粒长石石英砂岩夹(互)斑点状粉砂绢云母板岩 1 206.8m
13. 深灰色绢云母板岩夹变质细粒长石砂岩 747.7m
12. 灰色、深灰色变质细粒长石砂岩、粉砂质板岩、砂质绢云母板岩构成韵律层 647.6m
11. 灰色、深灰色粉砂质板岩、变质细粒长石砂岩互层 669.3m
10. 灰色变质长石石英细砂岩夹少量粉砂质板岩 30.1m
9. 灰色、深灰色含粉砂绢云母板岩夹(互)变质细粒长石砂岩 148.6m
8. 灰色、深灰色粉砂质绢云母板岩夹变质细粒长石杂砂岩 71.7m

7. 灰绿色千枚状长石石英杂砂岩夹绢云母板岩 22.7m
6. 灰色细粒长石砂岩夹绢云母板岩、变质长石粉砂岩 220.3m
5. 灰色、浅灰色长石石英粉砂岩夹斑点状绢云母板岩 217.2m
4. 灰色变质石英粉砂岩 87.6m
3. 灰—灰绿色长石石英粉砂岩、含砂质绢云母板岩夹石英粉砂岩、斑点状含粉砂绢云母板岩 282.6m
2. 灰色、灰绿色斑点状粉砂质板岩夹石英粉砂岩 48.4m
1. 灰色变质长石石英粉砂岩夹变质细粒长石石英砂岩 33.7m

———— 侵入接触 ————

岩体为黑云二长花岗岩

该组出露的岩性主要为细粒长石石英砂岩、变质长石石英粉砂岩、细粒长石砂岩、细粒长石杂砂岩、粉砂质板岩、砂质绢云母板岩等。测区内岩性与剖面基本一致，岩石以细粒碎屑岩为主，内部保存有大量的由5～10cm细砂岩、10～20cm粉砂质绢云母板岩组成的沉积韵律，可见沉积构造以水平层理为主，偶见平行层理。横向上在东部可见到少量的薄层硅质岩。

2. 地球化学特征及含矿性

该组中碎屑岩微量元素含量见表2-11，由表中可见大部分元素含量变化不大，其中Sr、Rb、Cr、Co，变化范围Sr为$20.5\times10^{-6}\sim216\times10^{-6}$、Rb为$40.16\times10^{-6}\sim120.8\times10^{-6}$、Cr为$54\times10^{-6}\sim155\times10^{-6}$、Co为$4.74\times10^{-6}\sim61\times10^{-6}$。微量元素平均值与地壳克拉克值相比，大离子活泼元素Sr、Rb、Ba、Th、Ta明显偏低，而过渡性不活泼元素Sc、Co偏高，Cr偏低，其余则相差不大。

主要成矿元素Cu、Pb、Zn等未见富集（矿化），含量变化不大，其均值与地壳克拉克值相比Cu、Zn较高，有利于成矿。

表2-11 温泉沟岩群B组微量元素含量特征表 （$\times10^{-6}$）

序号	样品号	岩石名称	Sr	Rb	Ba	Th	Ta	Nb	Zr	Hf	Sc
1	D1055/1G	长石石英砂岩	48.4	46.10	371	10.10	0.57	14.60	202	2.03	10.40
2	D1569/4G	长石石英砂岩	20.5	60.40	152	7.33	0.18	7.53	85	1.47	9.78
3	D3053/3G	石英粉砂岩	181.0	120.80	541	10.87	1.03	14.20	192	8.08	15.70
4	D3053/4G	粉砂质绢云板岩	215.0	114.00	584	10.44	1.09	15.30	198	5.38	15.60
5	D3053/6G	长石石英粉砂岩	216.0	40.16	230	7.67	0.73	9.10	193	4.98	9.00
6	D3055/1G	绢云母板岩	114.0	100.20	453	13.14	1.27	17.30	164	4.62	16.80
7	D3055/2G	长石石英杂砂岩	232.0	69.90	349	8.65	0.79	10.40	203	5.38	10.20
平均值			146.7	78.79	383	9.74	0.80	12.63	177	4.56	12.50
地壳克拉克值			340.0	150.00	650	13.00	2.50	20.00	170	1.00	10.00
序号	样品号	岩石名称	Cr	Co	Ni	V	Ga	U	Cu	Pb	Zn
1	D1055/1G	长石石英砂岩	96.30	4.74	16.5	87.50	12.40	1.65	23.8	28.70	86.5
2	D1569/4G	长石石英砂岩	155.00	5.97	27.5	75.00	12.10	1.40	497.0	8.41	113.0
3	D3053/3G	石英粉砂岩	63.00	21.70	36.0	96.00	21.00	2.72	33.8	26.79	77.7
4	D3053/4G	粉砂质绢云板岩	65.00	28.70	40.0	93.00	22.30	2.60	9.2	15.69	13.3
5	D3053/6G	长石石英粉砂岩	54.00	51.10	24.4	61.00	12.20	1.78	18.2	11.28	58.6
6	D3055/1G	绢云母板岩	70.00	21.60	43.0	91.00	22.80	2.23	34.8	8.24	91.0
7	D3055/2G	富钙石英砂岩	61.00	61.00	26.2	69.00	14.40	2.02	21.4	24.20	47.9
平均值			80.61	27.83	30.5	81.79	16.74	2.06	91.2	17.62	69.7
地壳克拉克值			83.00	18.00	58.0	90.00	19.00	2.50	63.0	12.00	94.0

3. 温泉沟群的沉积环境及生物特征

1）生物特征

温泉沟群为一套细碎屑沉积，在以往地质调查中从未见到过生物化石。本次调查中在麻扎幅麻扎以北深灰色板岩中发现有微体化石经中国地质科学院地质研究所高联达鉴定有几丁虫：漂砾链几丁虫 *Desmochitina* cf. *erratica* Eisenack.，球形球几丁虫 *Sphaerochitina* sp. cf. *sphaerocephala*(Eisenack)，锥几丁虫 *Conochitina* sp.，棒几丁虫 *Rhabdochitina* sp.，时代为志留纪。同时在测区的东邻区以及西邻区均采到大量的几丁虫类、藻类化石，时代为晚奥陶世至志留纪，但主要是早志留世的常见分子。因此依据微体化石特征将温泉沟岩群的地质时代划分为早志留世。

2)沉积环境分析

该群出露的岩性为绢云母板岩、粉砂质板岩、变细砂岩、变质细粒长石石英砂岩、变细粒长石杂砂岩、变细粒钙质长石石英杂砂岩及少量大理岩、强绢云母化英安岩、片理化安山质角砾熔岩、片理化蚀变安山岩、硅质岩等。岩石以细粒碎屑岩为主，地层中保留有大量的沉积韵律，由砂岩与粉砂质板岩组成，纵向上叠覆出现，构成旋回性沉积层序。沉积构造有水平层理、平行层理及少量的冲刷面构造(C岩组中)。总体具有深水相浊积岩的特征，露头上见有大量的鲍马序列B、C、E段及C、E段。

Floyd等(1991)通过对世界范围内显生宙和元古宙的不同构造背景下所形成的杂砂岩微量元素数据的分析发现，利用杂砂岩微量元素分析数据经上地壳平均值标准化后作出的多元素模式图(图2-18)可有效地区分出形成的不同构造背景，将温泉沟岩群中砂岩微量元素标准化蛛网图(图2-19)与之比较，可看出其与被动陆缘环境下砂岩图特征相似，V、Cr、Ni弱富集，Ta亏损，其余则变化不大，曲线总体较平直。综合上述特征，温泉沟岩群的沉积环境应形成于被动陆缘环境下的深海相-俯冲带海沟中。

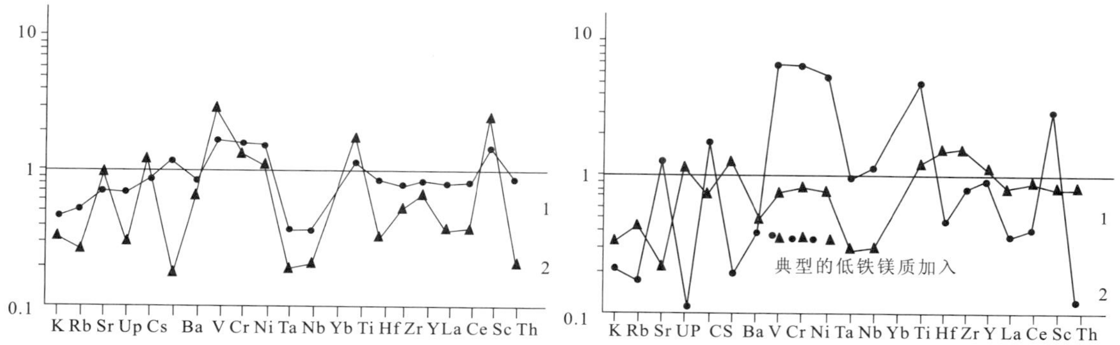

图2-18　不同构造背景下杂砂岩的微量元素分布模式图

(Floyd等,1991)

左图:1. 大陆岛弧+活动陆缘;2. 大洋岛弧。右图:1. 被动陆缘;2. 大洋板块内部

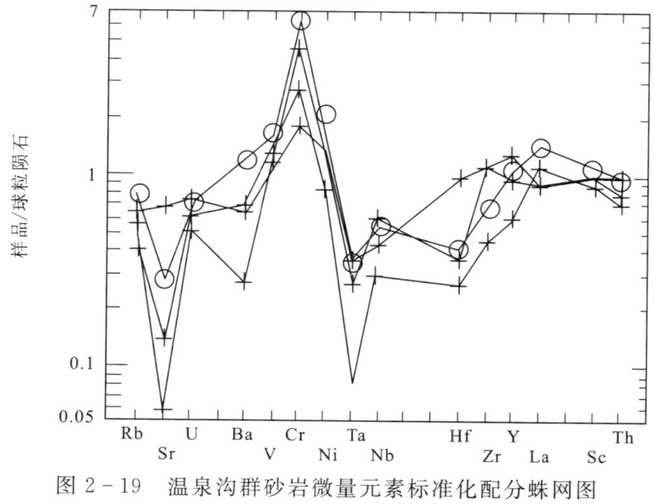

图2-19　温泉沟群砂岩微量元素标准化配分蛛网图

○. A组;+. B组

第四节　上古生界

一、恰提尔群(C_2Q)

该群由 H·A·别良耶夫斯基(1946)在恰提尔河地区首建恰提尔岩系。原始定义暂缺。现在定义:指与上覆空喀山口组断层接触,与下伏帕斯群整合接触的一套含丰富的䗴、珊瑚礁灰岩,夹少量黑灰色泥质粉砂岩和板岩。新疆和田地质大队(1960)于卡帕浪沟测制剖面并划分出恰提尔群;新疆地质局第一区调大队十分队(1984)沿用恰提尔群。本次调查沿用该群命名,岩性与定义出入较大,总体为一套细粒碎屑岩夹少量的碳酸盐岩,未见化石。依据整合覆于帕斯群之上将其时代置于晚石炭世。

测区位于喀喇昆仑地层分区,塔吐鲁沟-甜水海地层小区,该群出露于测区东侧,范围很小,出露面积约 30km^2。地层以断层与相邻不同地质体接触。

(一)地层描述

恰提尔群缺少实测剖面,以东临幅新疆叶城县麻扎南侧恰提尔群路线地质剖面为例,见图 2-20,该剖面出露的岩层向南倾倒转,未见顶,剖面地层厚度大于 4 500m。

上覆地层:温泉沟岩群 A 组灰绿色石英砂岩

断　层

恰提尔群(C_2Q)	**>4 500m**
4. 灰色绢云母板岩夹砾岩	1 400m
3. 浅灰色中层状变质细粒石英砂岩偶夹细晶白云岩	400m
2. 浅紫灰色含粉砂绢云母板岩	700m
1. 浅灰色中层状石英粉砂岩夹薄层状粉晶灰岩	2 000m

整合接触

下伏地层:帕斯群碎屑岩组灰色中层状不等粒长石石英砂岩

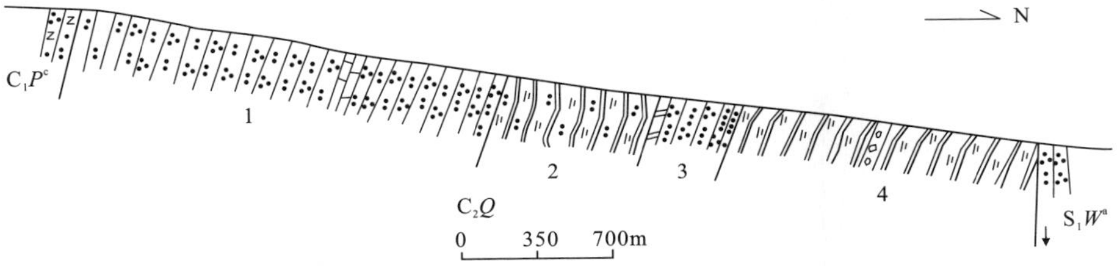

图 2-20　新疆叶城县麻扎南侧恰提尔群路线地质剖面图

剖面上恰提尔群出露不全,受断层破坏缺失上部层位。出露的岩性主要为石英粉砂岩、粉砂绢云母板岩、细粒石英砂岩,夹少量细晶灰岩、细晶白云岩、砾岩等。岩性以细粒碎屑岩为主,其中细粒石英砂岩出露厚度为 30～40cm。从剖面上出露的岩性看沉积韵律不太清楚。测区内出露的岩性与剖面基本一致。横向上该组的岩性变化比较大,在东部伊力克东侧一带地层中夹有水下扇道沉积物,分南北两侧出露。该群中未见生物化石。

（二）地层时代

测区内出露的恰提尔群与前人资料出入较大，表现在露头和岩性上的不一致。目前测区没有可靠的生物依据，前人曾采集的化石地点与测区地层不一致，化石资料仅作参考。依据恰提尔群整合覆于帕斯群砂岩组之上，暂将该地层置于晚石炭世。

（三）沉积环境

该群出露的岩性以细粒碎屑岩为主，主要为石英粉砂岩、粉砂绢云母板岩、细粒石英砂岩，夹少量细晶灰岩、细晶白云岩、砾岩等。大量出露的砾岩分析为水下扇道沉积物，岩性成分复杂，并伴有火山岩出露，代表环境不太稳定，其中出露的碳酸盐岩最大厚度达 40m，代表浅海环境。依据上述岩性特征分析，恰提尔群的沉积环境为陆缘斜坡相沉积。

二、神仙湾群 B 组（$P_{1-2}S^b$）

神仙湾群为本次 1∶25 万区域地质调查工作中新厘定的岩石地层单位，定义为“位于神仙湾地层小区，出露于神仙湾一带，呈北西—南东向分布，为一套顶底不全、出露无序的碎屑岩，划分为 A、B 两个组，之间以断层或构造面接触。A 组为灰质角砾岩、硅质岩、岩屑石英杂砂岩、石英粉砂岩、长石石英砂岩、粉砂质板岩及少量火山岩等；B 组为长石石英砂岩、钙质石英粉砂岩、粉砂质板岩等。整合伏于温泉山组之下，与龙山组断层接触，铁隆滩群不整合接触。时代为早中二叠世。”

测区内神仙湾群仅出露 B 组。呈东西向零星分布，共见 5 处。主要分布于红其拉甫一带，地层与相邻地质体为断层或侵入接触，出露面积约为 300km^2。

（一）地质特征

该岩组缺少实测剖面，现以东邻区新疆皮山县神仙湾大沟神仙湾群 B 组实测地质剖面为例，见图 2-21。

上覆地层：龙山组灰色中厚层状生物灰岩

═══════ 断　层 ═══════

神仙湾群 B 组（$P_{1-2}S^b$）	**>3 713.44m**
4. 灰色粉砂质板岩夹中层状细粒长石石英砂岩	1 490.74m
3. 灰色粉砂质板岩夹中厚层状钙质石英粉砂岩	1 210.86m
2. 灰色粉砂质板岩	472.14m
1. 灰色粉砂质板岩夹中厚层状钙质石英粉砂岩	539.7m

═══════ 断　层 ═══════

下伏地层：神仙湾 A 组灰白色块状灰质角砾岩

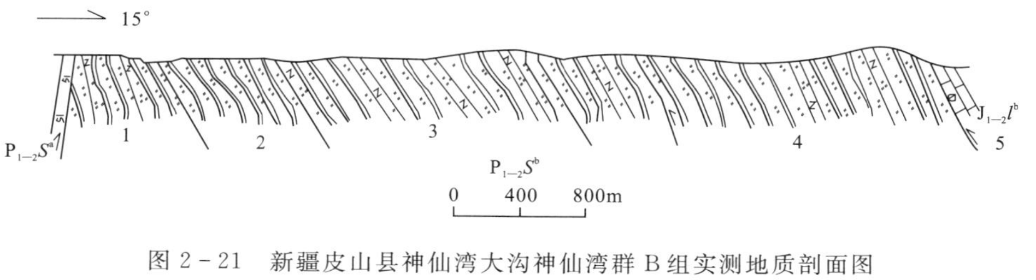

图 2-21　新疆皮山县神仙湾大沟神仙湾群 B 组实测地质剖面图

剖面上该组出露一套细粒碎屑岩，岩性单一。测区内岩性主要以粉砂质板岩夹中厚层状钙质石英粉砂岩、细粒长石石英砂岩构成大小不等的沉积韵律，其中砂岩以密集段出露于地层中，主要发育在砂岩、粉砂质板岩沉积韵律的底部，一般出露厚度为10～40cm不等，个别地段为100cm，粉砂质板岩出露厚度较大，一般为10～200cm，构成沉积韵律的上部。地层中发育粒序层理及水平层理。横向上岩性总体变化不大。

（二）地球化学特征及含矿性

神仙湾群B组的碎屑岩微量元素含量见表2-12，由表中可见大部分元素含量变化不大，其中Sr、Rb、Ba变化较大，范围Sr为$45\times10^{-6}\sim140\times10^{-6}$，Rb为$28\times10^{-6}\sim119\times10^{-6}$，Ba为$122\times10^{-6}\sim564\times10^{-6}$。微量元素均值与地壳克拉克值相比，大离子活泼元素Sr、Rb、Ba、Th、Ta偏低，而过渡性不活泼元素Sc偏高，Co、Ga、Cr偏低，其余则相差不大。

表2-12　神仙湾B组微量元素含量特征表

序号	样品号	岩石名称	Sr	Rb	Ba	Th	Ta	Nb	Zr	Hf	Sc	Cr
1	D1079/2G	钙质石英粉砂岩	140.0	80.90	448.00	9.73	1.21	23.10	187.00	3.32	15.10	66.70
2	D1080/2G	粉砂质泥板岩	126.0	119.00	564.00	13.60	1.55	28.80	262.00	4.48	16.90	80.30
3	D1080/3G	长石石英砂岩	45.0	28.00	122.00	4.92	0.56	9.08	162.00	2.73	4.26	37.10
4	D1080/4G	泥板石英粉砂岩	98.2	79.10	531.00	8.66	1.09	19.90	174.00	2.83	13.20	64.20
平均值			102.3	76.75	416.25	9.23	1.10	20.22	196.25	3.34	12.37	62.06
地壳克拉克值			340.0	150.00	650.00	13.00	2.50	20.00	170.00	1.00	10.00	83.00
序号	样品号	岩石名称	Co	Ni	V	Ga	U	Au	Ag	Cu	Pb	Zn
1	D1079/2G	钙质石英粉砂岩	13.10	26.20	105.0	17.40	1.81	1.12	0.079	343.00	35.0	129.00
2	D1080/2G	粉砂质泥板岩	15.70	32.40	125.0	21.70	2.98	0.94	0.084	302.00	30.8	128.00
3	D1080/3G	长石石英砂岩	4.44	10.30	28.6	7.13	1.42	1.07	0.095	94.70	17.2	88.00
4	D1080/4G	泥板石英粉砂岩	7.27	24.90	93.4	17.10	1.49	1.54	0.160	144.00	23.0	122.00
平均值			10.13	23.45	88.0	15.83	1.93	1.17	0.110	220.93	26.5	116.75
地壳克拉克值			18.00	58.00	90.0	19.00	2.50	4.00	0.080	63.00	12.0	94.00

注：表中Au元素含量单位为$\times10^{-9}$，其他元素含量单位为$\times10^{-6}$。

主要成矿元素Pb、Zn、Ag等未见富集（矿化），Cu在地层中见有矿化现象。含量变化较大，主要集中在板岩中。其均值与地壳克拉克值相比均大于地壳克拉克值，其中Cu高出近4倍，Pb高出2倍。Cu、Pb、Zn、Ag有利于成矿。

（三）地层时代

神仙湾群与前人（1∶100地质调查）划分的空喀山口组（P_1^2）出露区域相近，但岩性出入较大。本次区调中发现该群A组出露的岩性与空喀山口组相近；B组岩性与下二叠统（P_1^1）相近。在A、B组中见有䗴、珊瑚、海百合茎化石，鉴定有假纺锤䗴 *Pseudofusulina* sp.，拟纺锤䗴 *Parafusulina* sp.，亚曾珊瑚 *Yatsengia* sp.，圆圆茎 *Cyclocyclicus* sp.，生物面貌总体为早二叠世。测区内B组整合伏于温泉山组（P_3w）之下。前人在该区也采有大量的生物化石，主要门类为珊瑚、䗴、腕足、苔藓虫等，化石时代总体为早二叠世。综合以上岩性特征、化石特征以及与相邻地层的接触关系，将其地层时代划分为早中二叠世。

（四）沉积环境

神仙湾群B组的岩性为巨厚层状粉砂质板岩与中层状长石石英砂岩、钙质石英粉砂岩构成韵律，局部夹少量的角砾状灰岩、纹层状灰岩、硅质岩等，沉积物以细粒碎屑为主，含固着生存的珊瑚、海百合茎等化石，地层中发育水平层理，代表浅海-深海环境。Floyd 等（1991）通过对世界范围内显生宙和元古宙的不同构造背景下所形成的杂砂岩微量元素数据的分析发现，利用杂砂岩微量元素分析数据经上地壳平均值标准化后作出的多元素模式图（图 2－18）可有效地区分出形成的不同构造背景，将神仙湾群中砂岩微量元素标准化蛛网图（图 2－22）与之比较，可看出其与大陆岛弧＋活动陆缘环境下砂岩图特征相似，Nb 弱富集，Zr 亏损，其余则变化不大，曲线总体较平直。综合上述特征，神仙湾群的沉积环境应形成于活动陆缘环境下的浅海-深海环境。

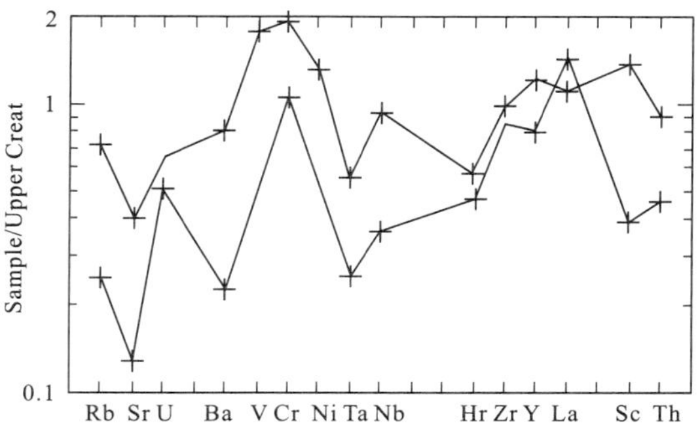

图 2－22　神仙湾群 B 组砂岩微量元素标准化蛛网图

三、温泉山组（P_3w）

该组为本次 1∶25 万区域地质调查工作新厘定的岩石地层单位，定义为“出露于神仙湾西部一带，呈北西—南东向带状分布的一套碳酸盐岩地层，岩性组合为中厚层状细晶灰岩夹生物灰岩、泥灰岩，含化石：头足类、苔藓虫、珊瑚、腕足及海绵类。平行不整合覆于神仙湾群之上，未见顶部。时代为晚二叠世”。

测区位于喀喇昆仑地层分区，神仙湾地层小区，出露于吾甫浪沟—里斯马姆一带。出露面积约 150km²。

（一）地层描述

测区内温泉山组与神仙湾群未见直接接触，顶部缺失。该组缺少实测剖面，现以新疆塔什库尔干自治县红其拉甫吾甫浪沟路线地质剖面为例，见图 2－23。

上覆地层：温泉沟岩群 A 组　灰白色厚层大理岩

＝＝＝＝＝＝　断　层　＝＝＝＝＝＝

温泉山组（P_3w）	**＞5 550m**
4. 灰色厚层状灰岩	1 400m
3. 灰色中厚层状灰岩	1 950m
2. 灰—深灰色中层状生物灰岩，含礁体	1 260m
1. 灰—深灰色中厚层状灰岩夹深灰色板岩	940m

＝＝＝＝＝＝　断　层　＝＝＝＝＝＝

下伏地层：龙山组紫红色砾岩

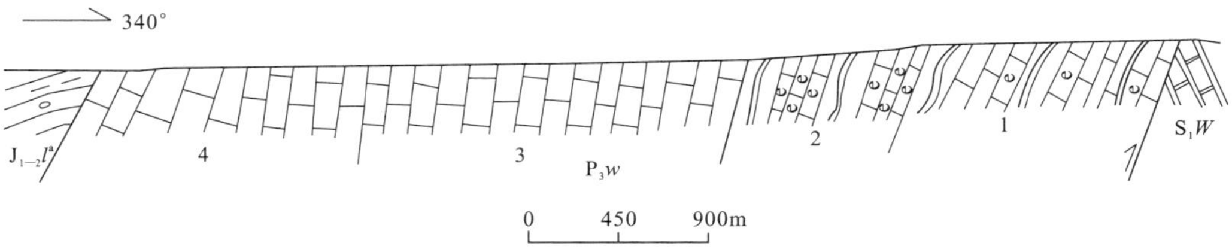

图 2－23　新疆塔什库尔干自治县红其拉甫吾甫浪沟路线地质剖面图

剖面上该组未见顶、底，被断层缺失。出露的岩性主要为一套碳酸盐岩，岩性比较简单，主要由生物灰岩、中厚层状灰岩夹深灰色板岩组成，其中含有大量的生物化石：珊瑚、苔藓虫、腕足类及海绵类等门类化石。横向上岩性变化不大，在东部地层中仅见头足类化石。地层出露厚度大于5 550m。

（二）地层时代

温泉山组为本次区调新建地层单位，前人资料中仅反映为二叠纪地层。该组中出露的岩性为碳酸盐岩夹深灰色板岩，含有石燕贝超科 Spiriferoidea，中国孔珊瑚 *Sinopora* sp.，窄板苔藓虫：*Stenodiscus* sp.，光壳腕足类及海绵类。东邻幅中含生物化石，门类单调，仅见头足类：中华莲形菊石 *Sinoceltites* sp.，本组在测区内与神仙湾群未见直接接触，顶部缺失，而在东邻幅中该组平行不整合于神仙湾群之上。依据上述生物特征及地层接触关系，将温泉山组的地层时代置于晚二叠世。

（三）沉积环境

该组的岩性为一套碳酸盐岩，岩层的厚度为中厚层状。岩石主要为灰岩、生物灰岩夹深灰色板岩。镜下资料分析灰岩的纯度较高，方解石含量达95%以上，泥砂质很少。地层中生物化石发育，有固着生物，也有浮游生物。综合以上地层特征及生物特征，温泉山组的沉积环境应为浅海相沉积。

四、加温达坂群（P_2^1J）

新疆地矿局区调大队四分队张志德等（1984）在空喀山口创名加温达坂组。原始定义：为浅灰色中薄层状石英细砂岩与灰绿色粉砂岩、钙质细砂岩、含砾细砂岩不均匀互层夹灰岩、角砾状灰岩，含冷水型单通道䗴类动物群，厚372.5～2 050m。上与空喀山口组灰白色石英砂岩、砂岩、泥岩互层夹灰岩，整合过渡或断层接触，下部未见底。现在定义：为海相碎屑岩夹灰岩。岩性为浅灰色石英细砂岩、石英砂岩与浅灰绿色粉砂岩、钙质细砂岩、含砾细砂岩不均匀互层夹灰色生物碎屑灰岩，角砾状灰岩、灰黑色砂质灰岩。含冷水型单通道䗴类动物群及珊瑚、苔藓虫等化石。上与空喀山口组灰岩夹碎屑岩整合过渡或断层接触，下部未见底。

H·A·别良耶夫斯基（1946）将乔戈里峰以东的石炭系—二叠系自上而下划分为巴兰格岩系、纳贺湾岩系、恰提尔岩系，加温达坂组大致相当纳贺湾岩系的中下部。本次调查与定义岩性相近，依据岩性、化石资料划分为加温达坂群，含两个岩性组，时代为中二叠世早期。

该群位于南羌塘地层区，乔戈里峰地层分区，出露于乔戈里峰北坡呈近北西向带状分布，南北两侧均以断裂与相邻地层接触，地层出露不全，其中的灰岩组、白云岩组之间为断层接触。测区出露面积约400km²。该群的地层特征分别以灰岩组、白云岩组分述如下。

（一）灰岩组（$P_2^1J^a$）

1. 地层描述

灰岩组出露于克勒青河上游克勒青土布拉克组的西侧，出露面积较小，为3～5km²，大面积被第四系覆盖。剖面以新疆塔什库尔干塔吉克自治县克勒青河上游加温达坂群灰岩组实测地质剖面为例，见图2-24。

上覆地层:神仙湾群 B 组粉砂质板岩

══════ 断　层 ══════

加温达坂群灰岩组($P_2^1J^a$) **>8 250m**

10. 灰白色厚层状亮晶生物灰岩	2 000m
9. 深灰色粉砂质板岩偶夹泥质粉砂岩、薄层状灰岩	1 500m
8. 灰黑色粉砂质板岩夹中薄层状硅质微晶砂屑灰岩、泥质粉砂岩、石英粉砂岩	800m
7. 灰色中层状泥质粉砂岩夹(互)粉砂质板岩	500m
6. 灰色中层状粉砂泥板岩偶夹薄层灰岩	900m
5. 灰色厚层状泥质粉砂岩	300m
4. 灰白色厚层状白云质灰岩	500m
3. 灰色中厚层状微晶变形鲕粒灰岩夹泥质粉砂岩、粉砂质板岩	550m
2. 灰白色厚层状白云质灰岩	500m
1. 灰色中厚层状微晶变形鲕粒灰岩夹泥质粉砂岩、粉砂质板岩	700m

(未见底)

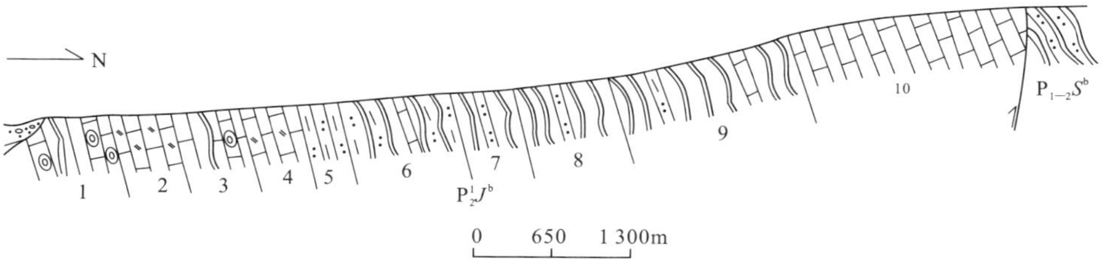

图 2-24　新疆塔什库尔干塔吉克自治县克勒青河上游加温达坂群灰岩组实测地质剖面图

剖面上灰岩组出露的岩性为鲕粒灰岩、白云质灰岩、生物灰岩,夹泥质粉砂岩、泥质粉砂岩、粉砂泥板岩等。下部以微晶变形鲕粒灰岩夹泥质粉砂岩、粉砂质板岩与厚层状白云质灰岩构成旋回性基本层序,共见两个完整的沉积旋回;上部以细碎屑岩为主与薄层状灰岩、亮晶生物灰岩构成沉积旋回。剖面上总体可见到 3 个大的沉积韵律,每个韵律的下部以碎屑岩开始,向上以(白云质)灰岩、生物灰岩结束(与东邻幅十分相似)。地层中发育平行层理、水平层理。地层中生物化石稀少,地层厚度大于 8 250m。

2. 地层时代

该组中生物化石稀少,东邻幅中化石丰富,采集有大量的䗴科类化石,经古生物专家汪明洲鉴定有美丽拟纺锤䗴 *Parafusulina decora* Han,皱壁䗴不定种 *Rugosofusulina* sp. indet ,益哇拟纺锤䗴 *Parafusulina yiwaensis* Chen,拉长拟纺锤䗴相似种 *Parafusulina* cf. *producta* Han,单通道䗴不定种 *Monodiexodina* sp. Indet,单通道䗴未定种 *Monodiexodina* sp.(见图版Ⅰ-1 至图版Ⅰ-3),时代为中二叠世早期层位相当于栖霞期;马丁贝? *Martinia* sp.? 隐石燕? *Cryptospirifer* sp.,及长身贝类、台藓虫、海百合茎等化石时代为石炭纪—二叠纪。灰岩组为东邻幅地层的西延,根据上述化石特征将该组的地层时代置于中二叠世早期。

3. 沉积环境

灰岩组出露的岩性为细粒碎屑岩、灰岩或生物灰岩,构成旋回性基本层序。总体由 3 个大的基本层序构成,下部层序比较清楚,其中发育平行层理、水平层理,代表相对安定环境;上部主要以细粒碎屑岩为主,夹少量的薄层状灰岩、硅质微晶砂屑灰岩呈韵律出现,顶部为生物灰岩,代表一个较大的沉积旋回。东邻幅地层中含大量的化石，主要为䗴科类及贝类、台藓虫、海百合茎等，生物特征表明沉积环境为浅海相。综合以上灰岩组的沉积特点，该组的沉积环境应为浅海环境。

(二)白云岩组($P_2^1J^b$)

1. 地层描述

白云岩组出露于克勒青河上游测区东侧，呈北西向零星分布。与相邻地层断层接触，出露不全，与东邻幅相接。出露面积约 80km²。该组缺少实测剖面，现以新疆塔什库尔干自治县克勒青河上游加温达坂群白云岩组路线地质剖面为例，见图 2-25。

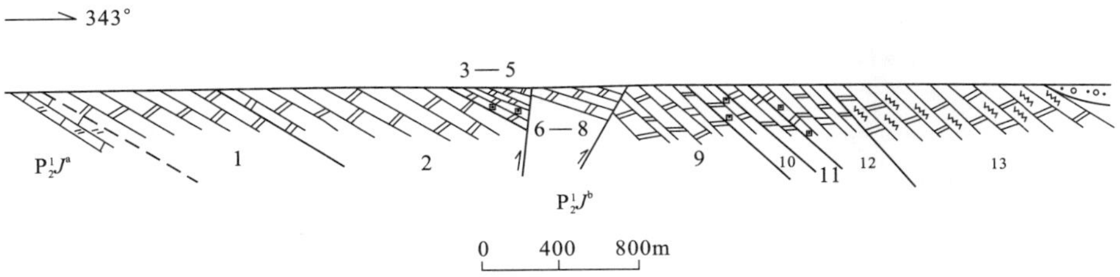

图 2-25　新疆塔什库尔干自治县克勒青河上游加温达坂群白云岩组路线地质剖面图

加温达坂群白云岩组($P_2^1J^b$)　　　　**>1 833.38m**

(未见顶)

13. 浅灰色、灰白色条纹状白云岩偶夹少量灰白色块状白云岩	471.01m
══ 断　层 ══	
12. 浅灰色条纹状白云岩、块状白云岩夹浅灰色角砾状白云岩	83.31m
11. 灰色块状白云岩夹角砾状白云岩	24.70m
10. 浅灰色厚层状白云岩与灰白色厚层状粉晶白云岩互层	22.56m
9. 灰白色块状白云岩夹浅灰色白云岩	58.83m
══ 断　层 ══	
8. 浅灰色巨厚层状白云岩夹少量灰白色中薄层白云岩	39.78m
7. 灰白色块状白云岩夹浅灰色中层状白云岩	31.45m
6. 浅红褐色厚层状白云岩夹浅灰色—灰白色厚层状白云岩	5.00m
══ 断　层 ══	
5. 浅灰色与灰白色厚层状白云岩夹(互)	53.38m
4. 肉红色条纹状粉晶白云岩	2.32m
3. 灰色薄层状微晶白云岩	42.24m
2. 灰色条纹条带状白云岩夹(互)灰—灰白色粉晶白云岩	393.82m
1. 浅灰色巨厚层状含灰质白云岩	604.98m
—— 整　合 ——	

下伏地层：加温达坂群灰岩组灰色中厚层状白云质灰岩

该组剖面上出露的岩性主要为灰—灰白色中厚层状白云岩、纹层状白云岩夹少量角砾状白云岩，受断层影响缺失部分地层。岩石镜下鉴定白云岩成分纯净，未见陆源碎屑成分。剖面上依据红色及角砾状白云岩出露的特点，可划分出 3 个沉积韵律，红色及角砾状岩石分别代表浅表氧化环境及潜水高能环境，单个韵律下部出露中厚层状白云岩，向上层厚有变薄的趋势，岩石颜色深浅交替变化频繁，表明海水深浅变化明显。测区内岩性与剖面基本一致，岩性变化不大。

2. 地球化学特征及含矿性

1)岩石化学特征

该组岩石化学分析结果见表 2－13，由表中可以看出岩石化学组分以 CaO 和 CO_2 为主，约占岩石的 80%。其含量与碳酸盐岩平均值(涂和费，1961)相比，灰岩中的 SiO_2、TiO_2 明显偏高，MgO 明显偏低，而白云岩中 MgO 明显偏高，SiO_2、TiO_2 明显偏低，CaO 基本一致。说明在白云岩中的陆源碎屑物含量较少，岩石成分较纯，沉积环境稳定；灰岩中相反陆源成分较高，沉积环境不太稳定。

表 2－13　白云岩组碳酸盐岩化学分析结果表　(%)

样品号	岩石名称	SiO_2	Al_2O_3	Fe_2O_3	FeO	CaO	MgO	MnO	TiO_2	P_2O_5	Na_2O	K_2O	CO_2	Σ
D560/1CS	细晶白云岩	0.44	0.12	0.04	0.03	31.64	20.80	<0.01	<0.01	0.01	0.09	0.07	46.62	99.86
D2521/1CS	微晶灰岩	7.19	0.53	0.12	0.18	48.19	2.76	0.01	0.40	0.03	0.02	0.08	40.07	99.58
平均值		3.82	0.33	0.08	0.11	39.92	11.78	0.01	0.21	0.02	0.06	0.08	43.35	—
碳酸盐岩平均值(涂和费，1961)		5.19	0.81	0.15	0.16	42.01	7.9	0.12	0.06	0.03	0.036	0.025	42.25	—

2)微量元素特征及含矿性

该组中岩石微量元素含量见表 2－14，由表中可见大部分元素含量变化较大，其中 Sr、Rb、Ba、Nb、Zr、Sc、Cr 变化范围：Sr 为 $75.3\times10^{-6}\sim221\times10^{-6}$，Rb 为 $2.09\times10^{-6}\sim91.5\times10^{-6}$，Ba 为 $10.8\times10^{-6}\sim172\times10^{-6}$，Nb 为 $0.37\times10^{-6}\sim8.85\times10^{-6}$，Zr 为 $3.63\times10^{-6}\sim95.9\times10^{-6}$，Sc 为 $0.62\times10^{-6}\sim6.72\times10^{-6}$、Cr 为 $8.01\times10^{-6}\sim85.3\times10^{-6}$。微量元素均值与地壳克拉克值相比，大离子活泼元素 Sr、Rb、Th、Ta、Zr 明显偏低，过渡性不活泼元素 Sc、Cr、Co、Ga 也偏低，其余则相差不大。

表 2－14　加温达坂群白云岩组微量元素含量特征表

序号	样品号	岩石名称	Sr	Rb	Ba	Th	Ta	Nb	Zr	Hf	Sc	Cr
1	D2509/1G	微晶灰岩	183.00	2.29	11.90	0.19	0.02	0.41	3.63	0.07	0.89	11.50
2	D2510/1G	生屑岩屑微晶灰岩	221.00	2.09	10.80	0.22	0.02	0.37	3.97	0.07	0.62	8.01
3	D2521/1G	微晶灰岩	75.30	91.50	172.00	4.09	0.57	8.85	95.90	1.77	6.72	85.30
平均值			159.77	31.96	64.90	1.50	0.20	3.11	34.50	0.64	2.74	34.90
地壳克拉克值			340.00	150.00	650.00	13.00	2.50	20.00	170.00	1.00	10.00	83.00
序号	样品号	岩石名称	Co	Ni	V	Ga	U	Au	Ag	Cu	Pb	Zn
1	D2509/1G	微晶灰岩	3.51	59.10	30.00	0.30	1.36	—	0.20	67.10	15.20	17.20
2	D2510/1G	生屑岩屑微晶灰岩	3.60	73.60	36.20	0.18	4.71	—	0.13	102.00	18.40	16.00
3	D2521/1G	微晶灰岩	5.36	15.20	47.20	8.91	0.94	—	0.12	52.50	16.00	55.20
平均值			4.16	49.30	37.80	3.13	2.34	—	0.15	73.87	16.53	29.47
地壳克拉克值			18.00	58.00	90.00	19.00	2.50	4.00	0.08	63.00	12.00	94.00

注：表中 Au 元素含量单位为 $\times10^{-9}$，其他元素含量单位为 $\times10^{-6}$。

主要成矿元素 Cu、Pb、Zn、Ag 等未见富集(矿化)，含量变化较大。其均值与地壳克拉克值相比均大于地壳克拉克值，其中 Ag 高出 2 倍，Cu 单个样品高出近 2 倍。Ag、Cu、Pb 有利于成矿。

3. 地层时代

白云岩组出露的岩性主要为白云岩、灰岩。东邻幅灰岩中含有大量的生物化石，主要为贝类、䗴科化石等。经古生物专家汪明洲及西安地质矿产研究所付力甫鉴定有昆仑拟纺锤䗴相似种 *Parafusulina* cf. *kunlunensis*. Da，单通道䗴未定种 *Monodiexodina* sp. Indet.，美雅马丁贝 *Martinia elegans* Diener，圆形马丁贝 *Martinia orbicularis* Gemmellure，艾拉石燕 *Eliva* sp.，圆凸似马丁贝 *Martiniopsis convexa* Tschernyshew，朱里桑两板贝早熟异种 *Dielasma juresanensis* mut. *antecedens* Grabau.，狭短马丁贝比较种 *Martinia* cf. *contracta*(Meek et Worthen)，光滑长身贝 *Liosotella* sp.，始围脊贝 *Eomarginifera* sp.，远距马丁贝 *Martinia remota* Chao，其中单通道䗴未定种 *Monodiexodina* sp. Indet 出露的层位相当于中二叠世的栖霞期早期，昆仑拟纺锤䗴相似种 *Parafusulina* cf. *kunlunensis* 相当于中二叠世的茅口期。综合以上生物出露的时限，将白云岩组的地层时代确定为中二叠世早期。

4. 沉积环境

该组出露的岩石以厚层状白云岩、纹层状白云岩为主夹少量角砾状白云岩，及肉红色、浅红褐色白云岩，横向上岩石变化较大，东西向不同程度见有厚层灰岩出露(在西邻图幅塔吐鲁沟幅中可见有板岩)，并含有大量生物化石，主要为贝类、䗴科化石等。生物化石代表沉积环境为浅海相，红色岩石及角砾状岩石分别代表浅表氧化环境及潜水高能环境。该组中的岩层厚度变化，在沉积韵律中表现有下厚上部薄的趋势，岩石颜色深浅交替变化频繁，表明海水深浅变化明显。岩石化学特征表明该组的沉积环境也是多变的。综上所述，该组的沉积环境多变，总体为碳酸盐岩台地前缘斜坡-盆地边缘相。

五、阿格勒达坂组(P_3a)

该组为本次 1∶25 万区域地质调查工作新厘定的岩石地层单位，定义为“出露于乔戈里峰北侧属滇藏地层大区南羌塘地层区，岩性为细晶白云岩夹少量鲕粒灰岩、生物碎屑灰岩、碎屑岩，含化石。与下伏加温达坂群白云岩组平行不整合接触，未见顶，时代为晚二叠世”。

该组出露于克勒青河上游，东西向沿断裂带分布，向东延入麻扎幅，向西延出国界。地层出露不全，出露面积约为 150km²。

(一)地层描述

该组在测区内缺少实测剖面，现以新疆塔什库尔干塔吉克自治县克勒青河上游二叠系阿格勒达坂组路线地质剖面为例，见图 2-26。

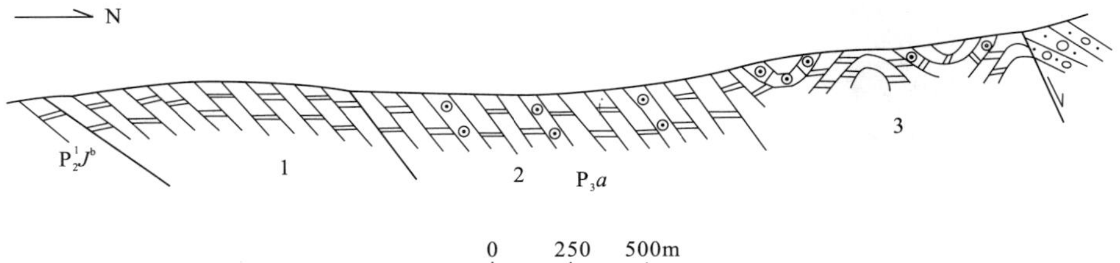

图 2-26 新疆塔什库尔干塔吉克自治县克勒青河上游二叠系阿格勒达坂组路线地质剖面图

上覆地层：龙山组深灰色角砾状、薄层状白云岩

断 层

阿格勒达坂组(P_3a) **>3 160m**

3. 灰色中薄层状细晶白云岩夹少量鲕粒灰岩、生物碎屑灰岩含化石 1 010m

2.灰色中薄层状细晶白云岩夹少量鲕粒灰岩 1 100m

1.灰色中薄层状细晶白云岩 1 050m

———————— 平行不整合 ————————

下伏地层:加温达坂群白云岩组浅灰色厚层状细晶白云岩

剖面上该组平行不整合出露于加温达坂群白云岩组之上。出露的岩性比较单一,主要为细晶白云岩夹少量鲕粒灰岩,白云岩为中薄层状。鲕粒灰岩夹于白云岩之中,无规律出现,鲕粒大小1~2.5mm,鲕粒内部由浅、深色交替形成环带结构。地层上部夹生物碎屑灰岩,含腕足化石碎片。横向上岩性变化较大,该组在西部地层中相变为灰岩夹白云岩条带,沉积环境总体不稳定。地层中未见完整的生物化石。出露厚度大于3 160m。

(二)岩石化学特征

该组岩石化学分析结果见表2-15,由表中可以看出岩石化学组分以CaO和CO_2为主,约占岩石的93%。其含量与碳酸盐岩平均值(涂和费,1961)相比,SiO_2、MgO明显偏低,而CaO、CO_2偏高,说明岩石中的陆源碎屑物含量较少,碳酸盐岩成分较纯。

表2-15 阿格勒达坂组碳酸盐岩化学分析结果表 (%)

样品号	岩石名称	SiO_2	Al_2O_3	Fe_2O_3	FeO	CaO	MgO	MnO	TiO_2	P_2O_5	Na_2O	K_2O	CO_2	Σ
D047/1CS	细晶白云岩	0.62	0.15	0.08	0.42	53.34	1.23	0.02	0.10	<0.01	0.02	0.02	43.11	99.11
D564/1CS	微晶灰岩	0.63	0.14	0.06	0.02	47.46	7.00	0.02	<0.01	0.01	0.05	0.02	44.41	99.82
平均值		0.63	0.15	0.08	0.22	50.4	4.12	0.02	0.06	0.01	0.04	0.02	43.76	—
碳酸盐岩平均值(涂和费,1961)		5.19	0.81	0.15	0.16	42.01	7.9	0.12	0.06	0.03	0.036	0.025	42.25	—

(三)地层时代

该组平行不整合出露于加温达坂群白云岩组之上,接触面不平整,上下地层产状近于平行,岩性、沉积环境相差较大。地层中缺少生物化石资料,前人曾在该地区划分的空喀山口组中采有腕足类:*Stenoscisma* sp.,*Reticularia* sp.等,䗴类:*Neoschwagerina* sp.等化石,本次工作仅作参考。依据该地层与下部地层的接触关系以及沉积特点分析,将该组的地层时代划分为晚二叠世。

(四)沉积环境

该组出露的岩性主要为细晶白云岩夹少量鲕粒灰岩,白云岩为中薄层状,鲕粒灰岩夹于白云岩之中,无规律出现,鲕粒内部环带结构清晰,代表浅水高能环境。地层上部夹生物碎屑灰岩,含腕足类化石碎片,也代表浅水高能环境下的产物。该组在西部地层中相变为灰岩夹白云岩条带。上述特征反映该组沉积环境的海水振荡起伏大,环境总体不稳定。据此分析该组的沉积环境为碳酸盐岩开阔台地-台地边缘浅滩相。

第五节 中生界

一、河尾滩群(TH)

该群由新疆区域地层编写组(1981)在河尾滩创名,原称下河尾滩群、上河尾滩群,原始定义:分布于林济塘、河尾滩、喀喇昆仑山口之北及克勒青河上游等地,主要为灰岩、鲕粒灰岩,夹砂岩及泥岩，局部夹砾岩，含珊瑚、双壳类、腕足类等化石。现在定义：岩性为浅灰—深灰色薄—中层状灰岩、生物灰岩、粉砂岩、细砂岩、硅质岩，少量硅质灰岩、白云岩、泥灰岩等，其下与空喀山口组以平行不整合接触，上与克勒青河群整合接触或被龙山组不整合超覆。

新疆地矿局第一区调大队四分队(1984)在该地区进行 1∶100 万地质调查时将下、上河尾滩群称上河尾滩群，另划出一块地质体称下河尾滩群。1993 年《新疆维吾尔自治区区域地质志》称该地层为河尾滩群。本次调查沿用该群命名，但出露范围局限，岩性与定义不太一致，为一套深水相细粒碎屑岩。时代为三叠纪。

测区内河尾滩群位于乔戈里峰地层小区。该群主要分布于音苏盖提冰河一带，靠近边境地区，大面积被终年积雪覆盖，出露范围局限。地层以断层平行分布于前寒武纪变质地层两侧，路线上仅少量的细粒碎屑岩。出露面积约 1 000km^2。

(一)地层描述

测区缺少实测剖面，现以新疆塔什库尔干自治县克勒青河上游音苏盖提河尾滩群路线地质剖面为例，见图 2－27。

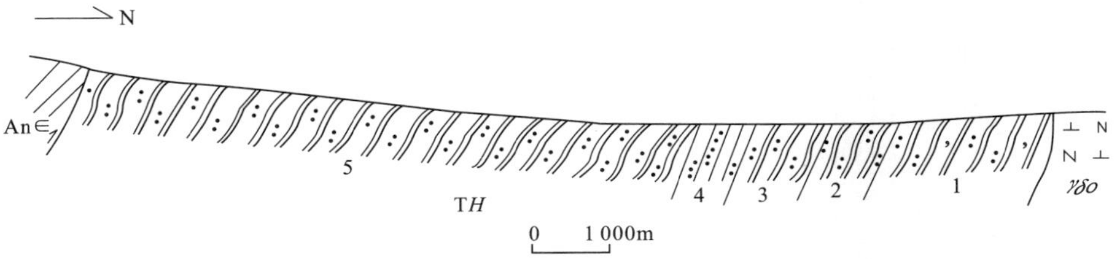

图 2－27 新疆塔什库尔干自治县克勒青河上游音苏盖提河尾滩群路线地质剖面图

上覆地层：前寒武系灰色石榴黑云母片岩

河尾滩群(T*H*) **12 860m**

═══ 断 层 ═══

5. 深灰色粉砂质板岩	7 990m
4. 土黄色杂砂岩	800m
3. 深灰色粉砂质板岩	1 000m
2. 深灰色粉砂质板岩(含砂质较高)	990m
1. 深灰色粉砂质板岩，偶含斑点粉砂质板岩	2 080m

——— 侵入接触 ———

岩体为中粒英云闪长岩

剖面上出露的岩性比较单一，主要为粉砂质板岩、杂砂岩及少量含斑点粉砂质板岩等。总体为一套细粒碎屑岩，沉积韵律不清楚。地层中靠近岩体边部见有少量含斑点粉砂质板岩，表明岩石受热变质不均匀。该群横向上岩性变化不大。地层中未见生物化石。

(二)时代讨论

前人曾在喀喇昆仑山口以东采有大量的化石，主要有双壳类、珊瑚、螺、腕足类、海百合茎等，其中双壳类较繁盛，依据化石将该地层划为中三叠统。本次调查在该群中未见生物化石，参考前人地层划分资料及地层区划，暂将其置于中三叠世。

(三)沉积环境分析

该群出露的岩性为一套细粒碎屑岩，主要为粉砂质板岩，横向上邻区见有灰岩、生物灰岩等。

依据出露的岩性分析该群的沉积环境应为浅海-深海相沉积。

二、三叠系(未分)(T)

该套地层出露于库拉那古河一带，位于麻扎-康西瓦构造混杂岩带中，以岩片出露。总体呈透镜状，东西向分布，主体出露于麻扎以东，测区内共见两处。最大出露宽度约为 1 000m，长约 10km 不等。出露的地层为一套砾岩，以颜色可划分为南北两套砾岩：即北侧为紫红色、暗紫红色、深灰色砾岩。具中厚—巨厚层状构造，砾石含量大于 70%。砾石成分：灰岩大于 85%，其他为砂岩、粉砂岩及石英等。砾石大小：5～15cm，个别为 20～50cm，砾石磨圆度中等，为次棱角—次圆状，分选性差，成熟度低，砂质胶结。水平方向上砾石定向性较热弱。南侧为绿色、灰绿色中厚层状砾岩，中厚—巨厚层状构造，砾石含量大于 40%。砾石成分：砂岩大于 75%，其他为粉砂岩及板岩等，砾石大小：1～5cm，个别为 10～20cm，砾石磨圆度中等—好，为次圆状，分选性差，成熟度低，砂质及粉砂质胶结。砾岩成分相对单一，总体具近距离搬运快速堆积的特点。

该地层分布于断层带内部，无顶、底，无正常接触关系。其砾岩中含化石(位于东邻幅)，经西北大学地质系郭洪祥、张兴亮鉴定有东方灌木苔藓虫相似种 *Thamniscus* cf. *orientalis* Reed.，多孔苔藓虫(未定种)*Polypora* sp.，星圆茎(未定种)*Pentagonocyclicus* sp.。总体为三叠纪以前的生物，据此将其地质时代置于三叠纪。

三、龙山组($J_{1-2}l$)

龙山组由新疆地矿局第一区调大队四分队张志德等(1984)创名，创名地位于喀喇昆仑山萨利吉勒干南库勒湖湖西。原始定义：为一套浅海相碳酸盐岩沉积或碳酸盐岩夹碎屑岩，局部夹火山岩、石膏层，含极丰富的动物化石。现在定义：指不整合于克勒青河群之上、整合于红其拉甫组之下的一套浅海相碳酸盐岩夹碎屑岩，局部夹火山岩。本次野外地质调查工作，仍采用这一方案，并将其划分为上、下两段，即灰岩段($J_{1-2}l^b$)、砂岩段($J_{1-2}l^a$)。岩性主要为灰—深灰色中厚层状、块状灰岩，生物灰岩等，底部以砾岩为标志层，含丰富的动物化石。

图区内龙山组仅分布于红其拉甫达坂南东向的铁干里克一带，呈北西—南东向带状分布，面积为 63.75km²，仅出露砂岩段。缺少地层剖面。

砂岩段($J_{1-2}l^a$)岩性简单，主要为灰色厚层状细粒长石石英砂岩、石英粉砂岩、泥岩，从下向上，砂岩由透镜状变为夹层出现，含量逐渐增多，反映其沉积环境由河流相向湖滨相环境的演变。下部与老地层呈不整合接触。区域上该组地层向上快速过渡为一套滨海碳酸盐岩，即灰岩段。灰岩段相对较为稳定，图区外东部分布面积较广。主要为厚层状灰岩夹砂岩、生物碎屑灰岩、鲕粒、豆粒灰岩。鲕粒一般小于 1mm，含量约为 10%，局部可达 30%，核心较大，成分为泥晶方解石，壳层薄，为薄皮鲕、偏心鲕、假鲕，成分亦为方解石，生物碎屑含量大，主要为腕足类、软体、棘屑和有孔虫，腕足碎片个体较为粗大，可达 1cm 左右。总之，该套碳酸盐岩显示出高能滨海环境。

第六节 新生界

新生界的地质发展历史，同印度板块与欧亚板块聚合、碰撞的历史紧密联系在一起。喜马拉雅早期运动使特提斯洋闭合，喀喇昆仑海湾的海水随之退出。喜马拉雅晚期运动使昆仑山及喀喇昆仑山大幅度地整体隆升，山脉和盆地发生强烈的差异性升降运动。

图区内新生界地层出露以第四系为主，第三系(古近系和新近系)地层缺失，新生界岩石地层单位划分见表 2－16。

表 2－16　新生界岩石地层划分表

系	统	冰 期	冲 洪 积	冰 碛	冰水沉积
第四系	全新统	小冰期	Qh^{apl}	Qh^{2gl}	
		新冰期		Qh^{1gl}	
		冰后期			
	上更新统	苏盖提江冰期		Qp^{3gl}	Qp^{3gfl}
		克勒青河-苏盖提江间冰期	新疆群 Qp^3X		
	中更新统	克勒青河冰期		Qp^{2-2gl}	
		乔戈里-克勒青河冰期	乌苏群 Qp^2W		
		乔戈里冰期		Qp^{2-1gl}	

一、第三系

图区内第三系地层全部缺失。新近纪以来，青藏高原开始大幅度整体隆升，由于印度次大陆对古亚洲大陆的强烈挤压，图区内山地之间的差异性升降运动显著加强，山前地带则强烈下降，堆积了巨厚层的上细下粗的碎屑沉积物。新近纪以后，海水退出，从此结束了图区内海相沉积的历史。

二、第四系

第四系时期，随着强烈的构造运动和全球性的气候变冷，昆仑山-喀喇昆仑山系发生了强烈的隆升，伴随着多次山岳冰川作用及河流下切剥蚀。早更新统冰期遗迹分布局限，是否存在尚有争议；中更新统早期冰川分布极为广泛，是第四系冰川作用中最强的一期；中更新统晚期及上更新统冰川范围逐渐缩小；全新统还有冰川活动，现代冰川分布在终年积雪的高山地带，它们有逐年向后退缩的趋势。

由于青藏高原的大幅度隆升，大气环境受到很大影响，昆仑山-喀喇昆仑山区的气候变得越来越干燥，湖泊的面积在萎缩，土地沙化、盐渍化不断加剧，冰川明显在后退。

第四系均为陆相沉积，沉积物类型较少，包括规模宏大的冰积及冲洪积等，形成时代从中更新世到全新世，不同时代的沉积物特征明显，易于划分区别。本次地质调查工作，按照成因类型分大类，再按照时代细分的原则划分。

（一）冲洪积

图区内冲洪积层，主要集中在河床两岸，多形成河谷阶地或残存的老冲洪积扇，分布面积较小，呈较狭窄的带状分布。一般河流的一级至二级水系均可见到。

1. 乌苏群（Qp^2W）

区域上该群广泛分布在盆地四周、山区大河两岸及山麓地带，以乌苏地区出露最多。图区内分布在叶尔羌河及塔什库尔干河流两侧的高阶地上。图区东部阿孜尕拉一带，叶尔羌河两侧阶地保存完整，分布有Ⅷ级阶地（图 2－28）。乌苏群出露在残存高阶地，为Ⅵ—Ⅷ级，长度约 3km，高出河谷约 106.8m，阶面向河谷中心呈 6°倾斜，累计厚度 215m。每级阶地的砾石层及砂砾层，均为钙质胶结或半胶结，粒径一般 5～20cm，砾石磨圆度及分选性均好。下部为稳定的灰色砂砾石层，砾石成分为花岗岩、片岩、片麻岩、白云岩、灰岩等，风化较严重；上部为时有时无的黄土状堆积，生长少量灌木。辫状河建造中的砾石层中普遍发育砾石的叠瓦状构造，并发育斜层理前积纹层，指示古水流流向总体为由南向北；少数地段为洪积扇相沉积，主要为块状层理的巨厚的砾石层构成，砾石层中砾石无序排列，不显叠瓦状构造，大小混杂，磨圆度差，为陆上洪积泥石流产物，上部冲洪积层为一套弱固结的砂砾石层，叠瓦状砾石的扁平面优势方位为 180°∠25°，亦显示古水流方向由南向北。该群不整合于志留系温泉沟组之上，并存在不同程度的褶皱变形。塔什库尔干河红其拉甫一带分布零星，仅出现在Ⅳ—Ⅵ级阶地上，厚度较小，约 20m。

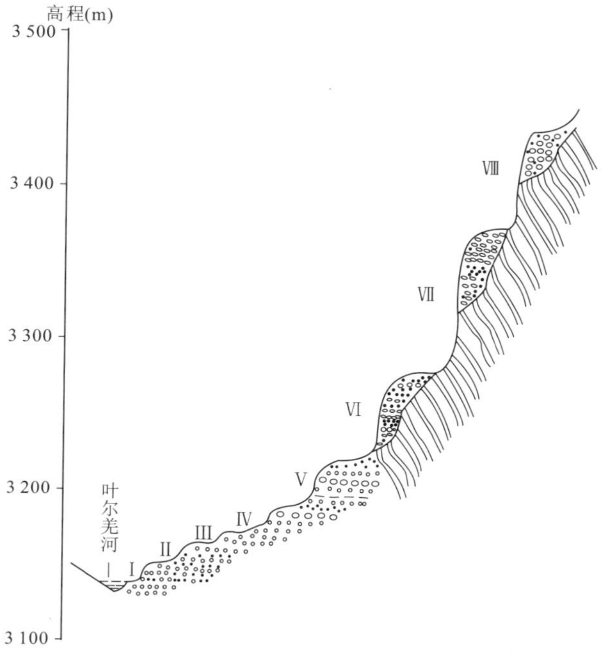

图 2－28　塔什库尔干县先锋乡阿孜尕拉叶尔羌河阶地横剖面图

乌苏群为间冰期或间冰期包含冰期的产物，主要形成于乔戈里－克勒青河间冰期，时代为中更新世，代表了晚更新世冰期与间冰期一套完整的沉积。

2. 新疆群(Qp^3X)

区域上该群主要分布在山前地带，形成冲—洪积扇及广泛分布的倾斜戈壁砾石层。图区内主要分布在叶尔羌河及支流两侧的低阶地上，出露广泛，一级、二级水系阶地上均可见到。常见多级阶地发育，连续性好。该群出露较完整，图区东部阿孜尕拉一带的叶尔羌河干流，该群出露较完整，分布在Ⅱ—Ⅳ级阶地，厚度 69.6m，高出河床 96.8m，沉积特征：Ⅳ级阶地可见二元结构，砾石磨圆度差，成层性好，分选差，砾石直径一般 20～50cm；Ⅲ级阶地底部为砂砾石层，粒径相对较细，一般 3～10cm，顶部含砂量更小，以砾石为主，粒径均匀，一般为 20～50cm，整体成层性差，半胶结状；Ⅱ级阶地底部为砂砾石层，上部砾石较小，均匀，不整合于老地层上。阶地砾石成分复杂，主要为花岗岩、闪长岩、粉砂岩、细砂岩及少量片岩。支流仅分布有Ⅱ—Ⅲ级阶地，厚度小，一般为 10m 左右，高出河床约 60m，见图 2－29。

新疆群属河流相，从岩相建造及沉积构造分析，上、下部均反映出河水量小，水动力条件不足，搬运能力减弱的特征；中部则为水量大、水动力条件充足的沉积特征。

新疆群为间冰期或间冰期包含冰期的产物，属克勒青河－

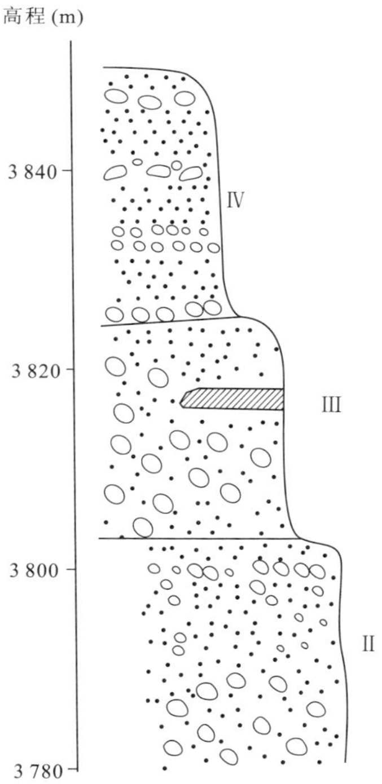

图 2－29　叶尔羌河阿孜尕拉新疆群河流阶地（Ⅱ—Ⅳ）剖面图

苏盖提江间冰期，时代为晚更新世。

3. 全新统冲洪积(Qh^{apl})

图区内广泛发育在所有河床及现代河漫滩阶地上，以冲积为主，间断性地可见有洪积堆积。冲积层为砂砾、粘土，厚度为数米至数十米，总体以卵石及砾石层为主，局部以砾石和砂为主。一般下部为砾石砂土，砾石成分复杂，上部为土黄色亚砂土夹碎石，胶结较松散，厚度不详；洪积层往往与冲积层互为过渡，彼此交替。高出河床数米至10m，由砂、砾和砂土组成，胶结较松散。

三、冰碛层及现代冰雪

喀喇昆仑山-昆仑山占据了青藏高原的西北部，是世界上巨大而雄伟的山地。喀喇昆仑山是世界上最伟大的山系之一，它位于中国与克什米尔之间，由多列从西北向东南延伸的山地组成。主脊平均海拔6 500m以上，拥有海拔6 000m以上的山峰数十座，此外图区内还有超过7 000m以上的山峰——木斯塔山。在如此短短的深切极高山区，群峰汇聚的高大山体为世界其他冰川区所罕见。

号称“亚洲脊柱”的昆仑山，是中国境内最长大的山系，山势雄伟高峻，呈向南弯曲的弧形分布，绵延700km。其西端拥有海拔6 000m以上的山地，其面积之广超过了我国西部任何山系。图区属昆仑山最西端，包括皮的其力尕山南段、阿吉里山西段、塔西土鲁克山西段、阿孜尕山西段、红其拉甫喀喇昆仑山(塔木太开山和科龙吉里山)等，形成巨大的冰川中心。

喀喇昆仑山-昆仑山的海拔是由南向北及由西向东逐渐降低的，突出于冰川雪线(5 000～6 000m)以上的山地面积最多，创造了有利于终年积雪保存的地形条件，为冰川的发育提供了宽阔的积累区。

(一)现代冰川的基本特征

喀喇昆仑山-昆仑山地区冰川总面积大约21 194.95km²，图区内冰川总面积为1 582.29km²，占整个喀喇昆仑山-昆仑山地区冰川面积总量的7.5%。区内各山脉冰川分布情况见表2-17。

表2-17　喀喇昆仑山-昆仑山各山脉冰川数量分布

山脉		主峰海拔(m)	冰川条数(条)	冰川面积(km^2)	冰川储量(km^3)	平均冰川面积(km^2)
喀喇昆仑山	喀喇昆仑山主脉	8 611	104	114.61	294.71	6.01
	阿吉里山西段	6 858	72	13.35	133.54	2.03
	红其拉甫喀喇昆仑山	6 180	333	50.88	2.52	2.08
	小计		509	1 462.21	178.84	2.87
西昆仑山	塔西土鲁克山西段	6 354	113	141.79	9.12	1.25
	阿孜尕山	5 940	206	169.56	8.47	0.82
	皮的其力尕山	5 470	204	172.71	8.80	0.85
	小计		523	484.06	26.39	1.41

从表中可以看出，图区内冰川为喀喇昆仑-昆仑山地区规模最大的冰川群分布区。

昆仑山冰川，多属大陆性冰川，其标志为冰川积累区年降水量小于600mm，雪线附近年平均气温低于－10.0℃，夏季平均气温低于0.8℃，冰川活动层下界最低冰温低于－7.3℃，运动速度小于0.35m/a。喀喇昆仑山冰川，属于亚大陆性冰川，主要表现为冰川积累区降水少于1 200mm，雪线附近年平均气温在－7.7～10℃之间，夏季平均气温0.8～1.8℃，冰川活动层下界冰温－3.4～

7.3℃，运动速度在0.35～1.02m/a之间。

喀喇昆仑山-昆仑山的冰川形态是丰富多彩的，无论是凸起于高原面山地的或高原外围山地的冰川，其规模和形态都是山地的优势高度和地形条件综合作用的结果。山地的构造格局和错综复杂的地形条件的制约，使得冰川发育形态多样。按照每一条冰川的自然流域及冰川发育的形态特征分类，图区内冰川可划分为6种类型，见表2-18。

喀喇昆仑山雪线介于海拔4 920～6 100m，其分布趋势是自西北部向东南上升的。喀喇昆仑山口和阿吉里山西段以西，雪线平均达海拔5 820m(北坡)，而南坡多数冰川的雪线超过海拔6 000m，平均5 950m，高于北坡130m。红其拉甫喀喇昆仑山(科龙吉里山、塔木太开山)雪线平均海拔5 200m，为喀喇昆仑山雪线分布最低地区。

表2-18　冰川类型划分表

冰川类型	分布特征	分布区域
悬冰川	分布在图区冰川各处，条数广泛，但规模最小	全区雪线以上的山坡上
冰斗-悬冰川	是悬冰川与冰斗冰川形态的过渡类型，分布较悬冰川少，但冰川面积较悬冰川为大	大都分布在雪线以上的山坡上
冰斗冰川	在河源或山坡上呈现围椅状形态凹地内或在古冰斗内发育而成的冰川，图区内发育最为广泛	麻扎—赛图拉一带昆仑山南坡分布最多
冰斗-山谷冰川	为一种过渡类型，其发育规模和冰舌较冰斗冰川为大，但小于一般的山谷冰川	主要分布在图区北东塔什库祖克山北坡、阿吉里山北坡
山谷冰川	主要特点在于从粒雪盆伸出的冰舌延至谷地数千米至数十千米，按其形态分单式、复式、树枝状和宽尾式等多种亚型，为图区中最重要的冰川类型。长度10m至数十千米，海拔4 000m以上，面积约100km^2，雪线在5 000m以上	主要分布在喀喇昆仑山主脊北坡，克勒青河上游
坡面冰川	是在坡度较为均匀的单面陡坡上发育而成，数量较少	主要分布在红其拉甫喀喇昆仑山

昆仑山的雪线分布高度介于海拔4 920～6 000m之间。西昆仑山雪线自西向东升高。西昆仑山的皮的其力尕山雪线平均5 190m，塔西土鲁克山为5 370m。图2-30反映了图区内喀喇昆仑山-昆仑山纬线方向的变化特点，即纬度升高，雪线及冰川下限都下降；在经线方向上，雪线和冰川下限沿不同经线方向，随纬度的降低而升高。喀喇昆仑山的冰川下限高度除音苏盖提冰川(4 000m)、木斯塔冰川(4 100m)、乔戈里冰川(4 145m)等较低外，一般都在海拔4 400m以上，平均海拔5 030m；同时南坡雪线一般比北坡高200m左右。昆仑山的冰川下限平均海拔亦为5 030m。

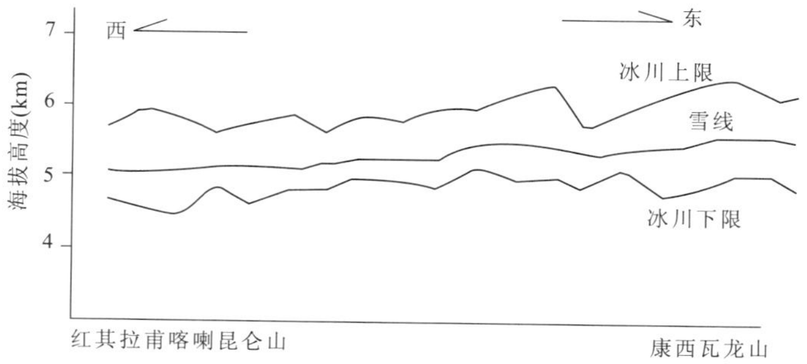

图2-30　雪线和冰川上、下限沿纬向上的分布

雪线的高度及其变化左右着冰川的发育及其变化趋势，冰川下限则是雪线影响下的冰川作用规模及其变化结果的具体反映。图区内主要大冰川基本特征见表2-19。

表 2-19　喀喇昆仑山主要大冰川基本特征表

山脉	冰川名称	地理坐标		面积 (km²)	长度 (km)	朝向		海拔(m)			冰川作用(m)		形态类型	所在流域
		北纬	东经			积累区	消融区	上限	下限	雪线	+	−		
喀喇昆仑山	音苏盖提冰川	36°19′	76°01′	379.97	42.0	北东	东	7 030	4 000	5 420	1 610	1 420	山谷冰川	叶尔羌河
	木斯塔冰川	35°53′	76°13′	196.76	29.4	北东	北东	7 410	4 100	5 230	2 180	1 130	山谷冰川	叶尔羌河
	乔戈里冰川	36°31′	76°31′	91.19	21.3	北西	北西	8 611	4 150	5 330	3 281	1 180	山谷冰川	叶尔羌河

图区内关于冰川厚度的测量研究资料极少，目前已知的冰川末端有限范围内雷达测量的数据，从图区外的克勒青河上游尕舍罗鲁姆冰川及乌尔多克冰川横断面上、下断面各测点平均厚度为199.6～91.55m的结果推测，音苏盖提冰川的厚度应该大于200～150m，其他冰川的厚度应该在100～150m之间。由于大部分地区均是比较干旱的，大多数冰川雪线附近的积消水平在500mm左右。喀喇昆仑山为西北—东南走向，冬夏均存在有利于降水的天气系统，一年四季有较多的降水，这里发育我国最大的冰川群，且分布着我国最大的山谷冰川——音苏盖提冰川，说明有着丰沛水汽来源而形成的冰川；若降水少，则无法维持目前如此庞大规模的冰川。据统计，西昆仑山在5 250m处实测降水量为200～250mm之间，冰川积累区降水量为400～500mm，在一定范围高度内降水随高度的升高而急剧增加。据Flohn估算，在喀喇昆仑山区，冰川积累区年降水量可达800～2 400mm。

(二)现代冰川的波动

现代冰川的进退变化主要是指1900年至今的冰川波动情况，因为这个时期小冰期基本结束，世界上已进入了用仪器直接监测环境的时代。

20世纪早期，许多西方学者和探险家，如韦塞(Visser P H C)、扬哈斯本(Younghusband F E)、德西奥(Desio A)、马森(Mason K)及辛普顼(Shipton E)等对喀喇昆仑山的冰川进行过考察研究，他们都集中考察了喀喇昆仑山主脊北坡(克勒青河上游)长大的山谷冰川。斯坦因、索波列夫斯基、斯文郝定、涂宁克尔等对昆仑山同样进行了路线考察，并有零星报道。20世纪六七十年代，中国国家测绘总局对该地区进行了航空摄影，出版了1∶5万和1∶10万地形图，1987—1988年，中国科学院青藏高原科学考察队，对喀喇昆仑山-昆仑山地区进行了考察，得出昆仑山现代冰川的变化动态与中国喀喇昆仑山现代冰川的变化趋势基本一致，见表2-20。

纵观喀喇昆仑山-昆仑山现代冰川变化，有如下一些特点：

(1)20世纪以来曾出现两次明显的前进阶段，时间约为19世纪初至二三十年代和七八十年代。在明显前进阶段时，冰川主要表现为：雪线高度下移，冰川运动速率变小或转入稳定，前进冰川的数量增加，有些分流的冰舌又重新汇流等。而30年代中期至60年代中期和80年代中后期至今，为冰川普遍退缩阶段，在这一阶段除少数冰川前进外，大多数冰川处于退缩状态，主要表现为冰川雪线上升，冰川运动速度减小，冰面下降。厚度减薄，面积缩小，冰舌末端后退，有些冰舌分离。

(2)从19世纪以来至今，总的变化趋势是其规模逐渐缩小，冰川雪线和冰舌末端位置上移。

(3)冰川进退变化幅度，是冰川活动性的主要反映。图区中冰川虽属大陆性冰川，但由于处于青藏高原边缘山区，其横向上冰川进退变化的幅度要比高原内部的变化幅度要大一些。

(4)通过野外考察所见:正在前进的冰川,其冰舌末端多为高大而陡峻的冰崖,冰崖相对高度50m以上,坡度超过35°,冰舌末端前缘常由于冰川前进而形成的终碛垄,冰面表碛不时滚落而加积在终碛垄上,在组成终碛垄的岩块中夹有数量较多的鹅卵石,冰舌多表现有雍高现象等。正在退缩的冰川,其冰舌末端即边缘分布有冰川退缩而遗留的冰碛物;有些规模较大的山谷冰川,由于冰舌下段被厚表碛覆盖,末端长期呈现相对稳定或变幅很小的现象。

表2-20 喀喇昆仑山冰川末端的变化

山脉名称	冰川名称	冰川面积(km^2)	冰川长度(km)	观测年限	前进(+)、后退(-)幅度(m)	年平均变化速率(m/a)	资料来源
喀喇昆仑山	音苏盖提冰川	393.97	42.0	1937—1968.10	冰舌末端稳定	稳定	1937年与1968年地形图对比
				1968.10—1973	冰舌末端稳定	稳定	1937年卫星相片判读
				1973—1987	基本稳定	稳定	1937年卫星相片与科考队实地考察对比
	乔戈里冰川	91.19	21.3	1937—1968.10	-1 700	-56	Shiptoin E资料与1968年中国编图对比
				1968.10—1973	略有后退	—	1937年卫星相片判读
				1973—1987	稳定	稳定	1985年科考时与卫星相片对比
	木斯塔冰川	197.76	29.4	1976—1987	稳定	稳定	1985年科考队实地考察与地图对比

(三)冰川遗迹

图区内第四纪冰川作用遗迹分布也较广泛,1976年中国科学院青藏高原综合科学考察队,对这一地区第四纪冰川作用进行了考察,提出了中更新世以来发生过3次大冰期及间冰期;本次地质调查工作,对冰期的划分采用《新疆维吾尔自治区区域地质志》所采用的冰期与地文相结合的方法,进行第四纪的划分,而相应时代依据,则采用了科考队的分析资料。由于多次冰期冰川作用和冰川融水的侵蚀,加之突发性洪水的频繁发生,使图区内冰川遗迹多遭破坏,特别是老冰碛分布零星,对恢复第四纪冰川作用造成困难。克勒青河是叶尔羌河上游最大的支流,该流域曾在第四纪期间经历过多次冰川作用,其中以乔戈里峰北坡的第四纪冰川遗迹保留最好。

根据第四纪冰川遗迹和地层接触关系、所在地貌部位、冰碛矿物组合、本身风化程度和与相邻已知的地层年代对比判断及^{14}C、热释光测年等资料,可把图区第四纪冰期划分为中更新世乔戈里峰冰期及克勒青河冰期,晚更新世苏盖提江冰期和全新世的新冰期及小冰期。现将其由老至新分述如下。

1)乔戈里峰冰期:Qp^{2-1gl}

本次冰碛分布零星,保存下来的极少,但规模最大,昆仑山多分布在上槽谷中,喀喇昆仑山克勒青河中分布在冰川槽谷两侧高阶地或高平台上。图区内仅在乔戈里峰北部的苏盖提江格附近,见有中层冰蚀槽谷及老的冰川沉积;克勒青河与木斯塔河交汇处有一座马鞍山,其鞍部海拔4 400m,基岩为白云质灰岩,而其上部覆有花岗岩、片麻岩和白云岩的漂砾,推算古冰川的冰面高度高出现代河床500m，愈向上游老冰碛和冰蚀地形愈高（图2-31）。在乔戈里河流入木斯塔河之东侧，马鞍山的老冰碛堆积高度在4 500m，高出河床600m，其上主要以花岗岩、片麻岩为主的漂砾，风化严重，远望似有土状物混杂。驼峰山的这期老冰碛分布在4 600m，高出河床700m；音苏盖提河与木斯塔河交汇的南侧山坡上，槽谷间老冰碛分布最高，可达1 000m。干燥的山坡上老冰碛受坡面融雪水的冲刷，呈平行的沟岭相间的起伏外貌；位于老冰碛西侧有一面积不大的基岩平台，也是同期冰蚀的产物。塔什库尔干的红其拉甫也经过这次强大的冰川作用，但遗迹多被后来的冰川作用和流水作用破坏。

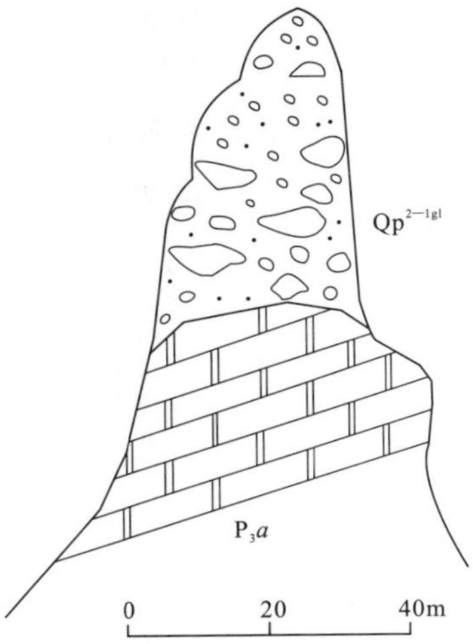

图2-31 克勒青河与木斯塔河交汇处马鞍山乔戈里冰期冰碛剖面

以西昆仑布拉克巴什河与玉龙喀什河汇合处，河谷南岸的冰碛层上部间冰期砂层砂热释光测年为(33.3±4.6)万年，其下的冰碛层形成年代据昆仑山垭口推测为70万年左右，属中更新世早期的冰期。本次冰期冰川作用最大，以山地中为中心发育半覆盖式山谷冰川或山麓冰川，但各地冰川规模还未达到相互连接和覆盖整个高原的程度。

2）克勒青河冰期：Qp^{2-2gl}

本次冰川作用遗迹保存较好，分布在苏盖提江冰期沉积槽谷外围，冰碛沉积多受到一定的冲蚀，呈丘状起伏或条带状分布，在下槽谷外围，以喀喇昆仑山克勒青河上游保存最好。

在苏盖提江格一带，代表着其冰川作用的较老冰碛保存最好，较老冰碛从现代冰川末端上方的山坡可连续延伸至克勒青河，当时冰川宽约3 000m，是现代河床的1倍。在音苏盖提冰川前的南侧山坡上，冰川遗迹有槽谷及较老冰碛，在冰川前端槽谷海拔4 860m，高出冰面300m；马鞍山鞍部的较老冰碛分布在高度4 300m，在克勒青河河谷里，冰川应高于飞来峰的顶面，即海拔4 000m以上。

以昆仑山玉龙喀什河上游布拉克巴什河离地面50m以下的冰碛砂热释光测年为距今(20.6±1.7)万年，属中更新世晚期的冰碛。从保留的遗迹推测，此次冰川规模较乔戈里冰期小。

3）苏盖提江冰期：Qp^{3gl}

本次冰期保存比较完好，从保留的遗迹可以看出，这次冰期的规模又有所变小，冰碛与侧碛稍有冲蚀，地貌形态基本完整，冰碛层保存在下槽谷中，分布比较普遍，多呈垄状或冰碛丘陵状，并形成冰碛湖；侧碛物呈阶梯状，大小混杂。

乔戈里峰冰川群的末次冰川遗迹，要算木斯塔河流进入主河流后形成的突起于河床中的羊背岩中的灰岩丘，人们形象地称为飞来峰。长1 300m，宽700m，高出河床(3 770m)154m，上覆冰碛物，在基岩裸露处，有冰川磨蚀的痕迹。

根据西昆仑崇测冰川所获得的^{14}C测年资料来看，该次冰期后阶段的盛冰期发生在距今(2.2～1.2)万年之间，时代为晚更新世。

4）新冰期：Qh^{1gl}

分布在喀喇昆仑山-昆仑山的各大冰川两端外侧，据冰舌末端1km至数千米之内，图区分布面积广，保存比较完整，呈阶梯状分布，阶梯外侧坡度和缓，内侧陡峻。一般高度15～30m，稍有胶结，表面稍有风化，其上长有稀疏、耐旱的植被。由于各条冰川的具体情况不同，冰碛分布也有一定的差异。喀喇昆仑山克勒青河的各大冰川末端，很少有这类冰碛的终碛垄保存，但侧碛一般却保留比较完整;昆仑山各大冰川虽有此类冰碛形成的终碛垄与侧碛,但其数量与形态也都不相同。

克勒青河上游新冰期以来的冰碛,苏盖提一带东侧的山坡上,侧碛像阶梯一样排列,从高至低直抵河谷阶地边缘,明显地可数到15～18条。冰碛物松散、大小混杂,都是由来自源头的花岗岩、花岗闪长岩、片麻岩、黑云母片岩、石灰岩和紫红色砾岩等组成。新冰期冰川前进遗迹明显。河床上遍布冰碛漂砾,愈近冰川末端漂砾愈大,保存愈好。一般漂砾直径为数米,大者10m左右。

根据西昆仑崇测冰川冰帽边缘两列冰碛^{14}C测年为(3 983±120)～(2 720±85)年。表明气候在进入全新世以后的4 000年前变冷。

5)小冰期:Qh^{2gl}

分布在新冰期侧碛的内侧,紧靠现代冰川两侧外缘,冰碛具有完好的冰碛垄与侧碛,分布范围广,图区内各大冰川边部均可见到。冰碛表现新鲜、疏松,缺乏植被与土壤,砾石易于滚动,厚度一般15～35m,冰碛物中以角砾、泥砾、粗砂粘土、漂砾为主,形成时代为16—19世纪,是现代冰川波动性进退过程的产物。

四、高原地貌的变迁

青藏高原的隆升作用一直为世人所瞩目,图区内属青藏高原极高山区,拥有无与伦比的高大优势,高原的隆升与新生界岩相分布及地貌格局存在良好的匹配性。高原夷平面、河流阶地第四纪冰川的演化及其形成年代,成为研究高原隆升、时代和幅度的一个关键问题。

(一)高原夷平面的分布

从现有的地貌资料分析,图区内存在两级夷平面,既同时存在又截然分开,图2-32。

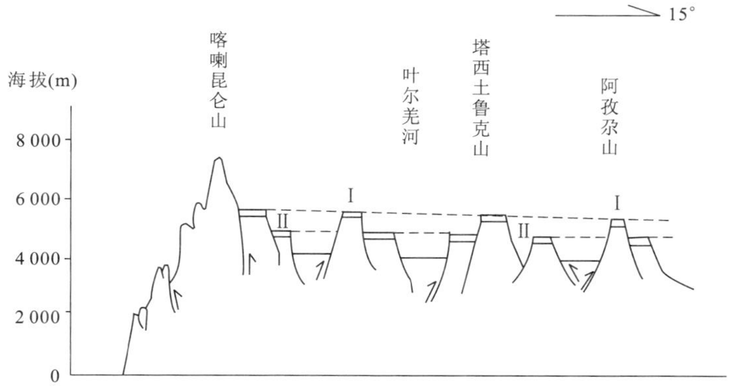

图2-32 夷平面分布特征示意图

(1)老夷平面(Ⅰ级面):即山顶面,是最高一级夷平面,一般分布在各大山系的顶部,保存面积较小,有些成为现代平顶冰川和古冰帽的发育中心,昆仑山区海拔约为5 900m,喀喇昆仑山区为6 000m,靠近喀喇昆仑山主脊则更高,可达6 300m,为现代冰川覆盖区,从外貌上较难分辨。此夷平面可与西昆仑的古里雅冰帽下的夷平面对比,可视为高原隆升之前青藏地区原始准平原地面的遗存,可以作为高原隆升的起始点。

据崔之久、潘保田等人的研究,山顶面切削最新地层为古近系地层是青藏高原普遍存在的现象,时间上应晚于古近纪早期,山顶面形成于20Ma前的渐新世末,高度不超过500m。从图区内新生代地层出露的情况看,缺失古近系和新近系地层,与其研究结果有较好的吻合。从中新统地层发育的夷平面应是准平原。夷平面是外营力长期剥蚀的结果,它们的形成需要10Ma的构造稳定期。

因而可将 500m 高度作为高原隆升的起点。

(2)较老夷平面(Ⅱ级面):亦即主夷平面,高度 5 250m 左右,构成高原及其山地的主体,分布较广,该夷平面海拔随高原总地势自西向东、自南向北缓慢降低,利用遥感、古地磁资料较易分辨。据现有资料分析,它南北向跨越了两大山系。虽经不同程度的分割破坏,但其高度仍较稳定。

从野外调查的情况结合遥感资料分析,图区内昆仑山南部的穷托卡依一带,下元古界布伦阔勒岩群 B 岩组之上存在的平台即可确定为该夷平面。另外图区东北部库地乡丘婉村的库浪那古河上游库木达坂一带,也保存有较完整的夷平面。

穷托卡依一带的夷平面呈近似长方形的平台状,面积约 9.13km²,高程为 3 900m;丘婉村库木达坂的夷平面呈平顶山丘状,分布面积约 187.5km²,高程为 4 000m,它们共同的特点是坡面较为平缓,呈北北东向缓倾,整个地面坡度约 3.5°,边缘地区可达 6°～8°。遥感影像图显示,图像清晰,为浅灰褐色、浅粉红色,色调均匀,地形较平坦。该夷平面跨流域分布,为经过构造抬升和分割而残留下来,保存在山地顶部的平缓地面。由于该区域经受构造运动较多且复杂,因而保存完好的夷平面较少。推断该夷平面形成时为高温气候并有较多的降水,为亚热带湿润并兼有干旱是合适的,因此认为该夷平面为准平原和山麓剥蚀平原组成的联合夷平面。

Budel 就德干高原研究结果认为,可以在地球任何纬度和高度找到中新世夷平面,直到亚极地。虽然横跨高原的夷平面是由不同流域的分段夷平过程彼此联合而成,也可能最终并未联通,但却系同属一个夷平面。从宏观方面来看,青藏高原南邻印度洋,北接塔里木盆地,因此其南侧的侵蚀基准面是印度洋,北侧的侵蚀基准面为塔里木盆地。塔里木盆地现在的海拔为 800m 以下,据《新疆维吾尔自治区区域地质志》,中新世期间喀喇昆仑地区尚有残海,因此,具山麓剥蚀面性质的主夷平面的高度也绝不应很高,应当在 500～1 000m 以下。

李柄元等对可可西里地区的海拔 4 900～5 200m 41 个火山熔岩方山平坦顶面同位素测年数据,都在 24.55～6.95Ma(9.9～6.95Ma 有 17 个),反映火山活动时间相近,都在中新世早期,形成于 9.9～6.95Ma 之间;同样西昆仑山内的阿什库勒火山群取得了 15 个火山熔岩的同位素年龄中最大的年龄为 2.8Ma,这些火山地貌都分布于夷平面解体后形成的山间盆地内,以此推论夷平面至少在 3Ma 之前形成,最近李吉均院士在西昆仑地区对夷平面进行了研究,从夷平面削平的最新火山岩的 K－Ar 年龄为 7Ma,并被形成于约 3.6Ma 的昆仑山垭口断陷盆地所错断;同样对藏东南芒康地区海拔 4 400m 的主夷平面上浮的玄武岩测得 K－Ar 年龄为 3.4Ma 和 3.8Ma,这可能是青藏高原夷平面解体变形的标志,是夷平面形成的真正上限。

(二)河流阶地与剥蚀面的地貌特点

图区内河流众多,发育着新疆最大的内流河——叶尔羌河,其水流量大,流程远,达数百千米,而各条河流两岸形成的阶地亦较发育,由于河谷两岸较陡立,沟谷狭窄的特点,区内老阶地保存完整的较少。

图区内克勒青河上游中巴边境肥尔尊一带阶地顶部高程 3 437.1m,苏盖提江一带阶地顶部高程 3 920m,红其拉甫达坂阶地顶面海拔为 4 680m,叶尔羌河的阿孜尕拉阶地顶面海拔为3 280m,库浪那古河谷阶地的最上部高程为 4 000m,如果将其联成一个整体,可以认为是一个完整剥蚀面的起点高程。

在叶尔羌河阿孜尕拉一带,发育较完整的Ⅷ级阶地,该阶地中,最高一级阶地高出河床 106.8m,其阶地顶部为厚薄不一的山麓洪积砾石层覆盖。中更新统乌苏群(Qp^2W)累计厚度 215m,比上更新统新疆群(Qp^3X)(累计厚度 69.6m)多出 145.4m,两套地层均以冲洪积为主,但是物源不同,新疆群比乌苏群中的砾石成分更加复杂,两群中的沉积厚度也不同,反映出不同时代沉积速率的不同。

从叶尔羌河穷托卡依处夷平面的高程同阿孜尕拉处的阶地剥蚀面来看，前者较后者高 620m，说明较老夷平面形成后有一个相当长的稳定期。剥蚀面和各级阶地的形成指示了其后高原隆升的主要事件。

第七节 沉积岩

图区内出露沉积岩以碳酸盐岩、碎屑岩为主，另有少量的泥岩等，主要分布于古生代以来的地层中。对其分类参照原成都地质学院《沉积岩石学》(1980)的分类方案见表 2-21，按其物质来源分为陆源沉积岩和内源沉积岩等基本岩类，在基本岩类中按成分、结构、成因等细分，其间有大量中间类型岩石。

表 2-21 沉积岩分类总表

陆源沉积岩(按结构细分)(mm)		火山物源沉积岩(按结构细分)(mm)		内源沉积岩		
				蒸发岩	非蒸发岩	可燃有机岩
砾岩 砂岩 粉砂岩 泥质岩	>2 2～0.062 5 0.062 5～0.003 9 <0.003 9	集块岩 火山角砾岩 凝灰岩	>64 64～2 <2	岩盐 石膏 硬石膏	石灰岩、白云岩、磷质岩、铁质岩、硅质岩、锰质岩、铝质岩、铜质岩、沸石质岩	煤油页岩

一、陆源碎屑岩类

测区内陆源碎屑岩分布较少，按岩石结构可进一步分为砾岩、砂岩、粉砂岩和泥岩等。

(一)砾岩

测区出露的砾岩主要为复成分砾岩。

河湖相砾岩 主要见于龙山组砂岩段中。砾岩呈灰色、紫红色，具砾状结构，块状构造。砾石含量 60%～70%，成分复杂，有砂岩、灰岩、花岗岩、大理岩等，砾石磨圆好，分选较差，大者 50cm，小者 1cm。填隙物成分为石英 10%～15%、斜长石 2%～3%、硅质岩屑 5%～8%、方解石 10%～15%。河流相砾岩横向上不稳定，呈透镜状，与砂岩构成河流相二元结构。

(二)砂岩

本书对砂岩的分类按原成都地质学院编的《沉积岩石学》(1980 年)成因分类(图 2-33)。图区内砂岩分布范围较小，见于晚古生代石炭纪—二叠纪及中生代地层中，砂岩沉积相有陆相和海相之分。

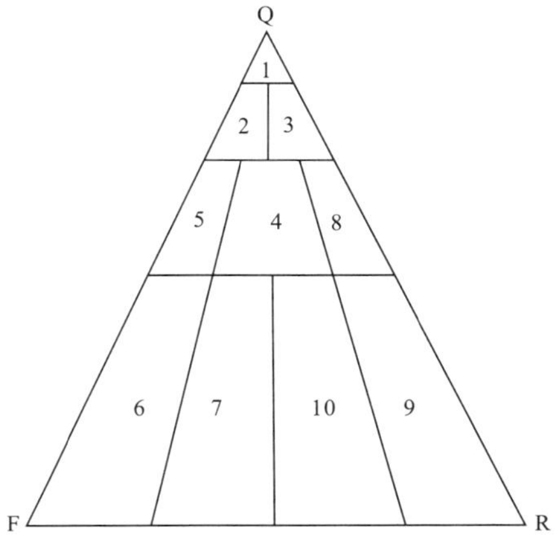

图 2-33 砂岩分类三角图解

1. 石英砂岩；2. 长石石英砂岩；3. 岩屑石英砂岩；4. 长石岩屑石英砂岩；5. 长石砂岩；6. 富长石石英砂岩；7. 岩屑长石砂岩；8. 岩屑砂岩；9. 富岩屑砂岩；10. 长石岩屑砂岩

细粒长石砂岩 仅见于龙山组砂岩段中，岩石具变余细粒砂状结构，块状构造，颗粒大小 0.15～0.25mm，个别 0.3～0.5mm。砂屑成分为斜长石 40%～45%、石英 35%～40%、硅质岩屑 1%；填隙物为粘土矿物＋黑云母 11%～13%。砂屑分选中等，磨圆度差，成熟度不高。填隙物含量少，形成接触式胶结和颗粒支撑结构。局部地段出现黑云母鳞片，为接触变质作用形成的轻角岩化特征。

细粒长石石英砂岩　见于龙山组砂岩段，加温达坂群灰岩组、温泉沟岩群 B 岩组及巴颜喀拉山群中。岩石具细粒砂状结构，块状构造，颗粒大小 0.1～0.15mm。砂屑成分为石英 76%、硅质岩屑 3%～5%、斜长石＋钾长石 10%、云母等 2%；填隙物为铁泥质杂基 5%～8%。砂屑分选良好，呈次棱角状，磨圆度较差，成熟度较低。胶结类型为孔隙式，大部分碎屑直接接触，为无胶结式，压实固结作用使碎屑紧密接触，形成颗粒支撑结构。岩石形成于稳定的水流环境。

（三）粉砂岩

石英质粉砂岩　见于神仙湾群、温泉沟岩群 B 组中，岩石具粉砂状结构，块状构造，颗粒大小 0.03～0.05mm。粉砂成分：石英 85%、斜长石＋钾长石 5%；胶结物有方解石 1%～2%、粘土矿物 5%～8%。粉砂屑以石英为主，颗粒呈棱角状，均匀分布。胶结物主要为粘土矿物，分布于孔隙中，大部分为无胶结物式的紧密接触关系。

钙质石英粉砂岩　见于神仙湾群中，岩石具粉砂状结构，块状构造，颗粒大小 0.05～0.08mm，少数 0.1mm。粉砂成分有石英 55%～60%、斜长石＋白云母 3%；胶结物为方解石 35%～40%。砂屑分选良好，形状多呈棱角状，均匀分布于胶结物中。胶结物含量较高，使砂屑呈“悬浮”状。从岩石的矿物成分和含量看，岩石具粉砂岩和粉砂质灰岩之间过渡特征。

长石石英粉砂岩　见于神仙湾群、温泉沟岩群 B 组、龙山组砂岩段中，岩石具粉砂状结构，块状构造，颗粒大小 0.05～0.1mm。粉砂成分有石英 85%、斜长石 8%～10%；胶结物为粘土矿物 3%～5%。碎屑分选良好，磨圆差，结构和成分成熟度中等。胶结物粘土矿物极少，基本为无胶结物式紧密接触。此岩石形成于水动力条件较弱而稳定和沉积速率缓慢的条件下。

（四）泥岩

粉砂质泥板岩　见于神仙湾群中。粉砂泥质结构，层状构造。矿物成分有粘土矿物 74%、石英 25%、白云母 1%；岩石矿物成分主要为粘土矿物，次为少部分石英。粘土矿物质点因压实固结作用，显示重结晶现象，使部分粘土矿物变晶为细小的鳞片状，定向分布，显示消光一致的特征。石英粉砂呈棱角状，悬浮在粘土矿物中，并与粘土矿物相间出现，构成明显的层理特征。

硅质泥板岩　见于加温达坂群灰岩组中，岩石具隐晶泥质结构，定向构造。矿物成分有粘土矿物 50%、隐晶石英 35%～40%、石英 5%～8%。岩石中的矿物成分单一，主要为泥质成分和隐晶石英。岩石压实固结作用不明显，基本不显示重结晶现象，大多数泥质矿物呈细小的质点，与隐晶石英均匀分布于岩石中。

二、内源沉积岩

图区内出露的该大类岩石按成分及成因可进一步分为灰岩、白云岩等。灰岩和白云岩进一步划分是按结构结合成因进行的，其间有大量过渡类型。

（一）灰岩

该类岩石主要分布于二叠纪地层中，本书对灰岩分类采用曾允孚等(1980)的结构-成因分类方案(表 2-22)。

表 2-22　灰岩的结构-成因分类(曾允孚,1980)

<table>
<tr><th rowspan="2">颗粒含量</th><th rowspan="2">主要填隙物</th><th colspan="6">颗粒灰岩类(2)</th><th rowspan="2">原地固着生物灰岩类(3)</th></tr>
<tr><th>内碎屑</th><th>生物(屑)</th><th>鲕(豆)粒</th><th>团粒</th><th>团块</th><th>3种以上颗粒混合</th></tr>
<tr><td rowspan="2">>50%</td><td>亮晶</td><td>亮晶内碎屑灰岩</td><td>亮晶生物屑灰岩</td><td>亮晶鲕(豆)粒灰岩</td><td>亮晶团粒灰岩</td><td>亮晶团块灰岩</td><td>亮晶颗粒灰岩</td><td rowspan="5">生物(珊瑚、红藻、苔藓虫、海绵、层孔虫等)礁灰岩;生物(海百合、层孔虫、藻类)层灰岩;生物(枝状珊瑚、海绵、苔藓虫、藻类等)丘灰岩</td></tr>
<tr><td>灰泥</td><td>微晶内碎屑灰岩</td><td>微晶生物(屑)灰岩</td><td>微晶鲕(豆)粒灰岩</td><td>微晶团粒灰岩</td><td>微晶团块灰岩</td><td>微晶颗粒灰岩</td></tr>
<tr><td>50%～25%</td><td>灰泥</td><td>内碎屑微晶灰岩</td><td>生物(屑)微晶灰岩</td><td>鲕(豆)粒微晶灰岩</td><td>团粒微晶灰岩</td><td>团块微晶灰岩</td><td>颗粒微晶灰岩</td></tr>
<tr><td>25%～10%</td><td>灰泥</td><td>含内碎屑微晶灰岩</td><td>含生物碎(屑)微晶灰岩</td><td>含鲕(豆)粒微晶灰岩</td><td>含团粒微晶灰岩</td><td>含团块微晶灰岩</td><td>含颗粒微晶灰岩</td></tr>
<tr><td><10%</td><td>灰泥</td><td colspan="6">微晶或泥晶灰岩类(1)</td></tr>
<tr><td colspan="2">重结晶灰岩类(4)</td><td colspan="7">具残余结构(各种颗粒或生物礁)晶粒(粗晶、中晶、细晶)灰岩如具残余结构的巨晶、中晶灰岩</td></tr>
</table>

1. 微晶或泥晶灰岩类

微晶灰岩　见于加温达坂群灰岩组中。岩石具微晶结构,颗粒大小0.001～0.01mm。矿物成分有方解石95%、泥质3%～5%、石英1%。岩石成分单一,主要为方解石,仅含少量泥质成分。方解石呈它形粒状,结晶程度差,晶粒界限不清,高倍镜下方可识别。岩石中方解石细脉十分发育,杂乱贯入。

2. 颗粒灰岩类

亮晶鲕粒灰岩　见于阿格勒达坂组中,岩石具鲕粒结构,块状构造。颗粒大小0.5～1mm。矿物成分有鲕粒60%～65%、亮晶方解石30%～35%、内碎屑2%～3%。岩石主要由碎屑鲕粒和亮晶胶结物组成,鲕粒呈球形,为由隐晶方解石形成的同心圆状颗粒,为原生沉积形成的真鲕,鲕粒之间为亮晶方解石胶结物,胶结物亮晶方解石与鲕粒之间界线清楚,形成基底式胶结型。

(二)白云岩

1. 同生白云岩

粉晶白云岩　仅见于加温达坂群白云岩组中。岩石具粉晶结构,块状构造。颗粒大小0.01～0.015mm。矿物成分有白云石97%、泥质2%～3%。岩石矿物成分单一,几乎全由白云石组成。白云石结晶程度差,呈它形粒状,晶粒间界线在高倍镜下方可辨认,分布不均匀,泥质成分分布于白云石晶粒之间,未见交代迹象,应为同生白云岩。

2. 次生白云岩和白云岩化岩石

灰质白云岩　仅见于加温达坂群白云岩组中,岩石具中晶结构,块状构造。颗粒大小:0.3～0.5mm,少数0.15～0.2mm。矿物成分有白云石75%～80%、方解石20%～25%。岩石主要由白云石和方解石组成,白云石呈半自形—自形粒状。白云石之间呈折线紧密接触,形成块状构造。岩石中的白云石为交代方解石形成,局部地段仍残留方解石细晶颗粒,为白云石交代残余部分。

第三章　岩浆岩

测区岩浆岩具有时间跨度长、类型多、成因复杂、分布广泛的特点。其中以侵入岩为主，出露面积达 4 086km^2。侵入岩岩石类型有壳幔混合源与俯冲有关的闪长岩、英云闪长岩、二长花岗岩，还有与碰撞有关的花岗岩和造山后期的环斑花岗岩。未见火山岩及基性—超基性岩石类型。

在时间上，测区内岩浆岩从元古宙、早古生代、晚古生代到中生代都有出露，其中以古生代及中生代的三叠纪为主，空间上不同时代岩浆岩相互叠置，但测区内总体具有由北向南、由老变新的规律。

测区侵入岩分布广泛，不同时期的侵入岩均有出露，按时代可划分为元古宙侵入体、早古生代侵入体、晚古生代侵入体、中生代印支期及燕山期侵入体四大套。

在空间上，根据侵入岩的空间分布范围和时代分为两期 3 个构造-岩浆岩带，即以康西瓦-苏巴什结合带为界，以北为印支期复合构造-岩浆岩带，以南为喀喇昆仑印支期、燕山期复合构造-岩浆岩带，此外元古宙侵入岩零星见于塔吐鲁沟幅北部。测区虽然具有不同期次、不同岩石类型相互套叠式分布的特点，但是总体具有从北向南、由老变新的规律。侵入岩分布图见图 3-1，参照岩石谱

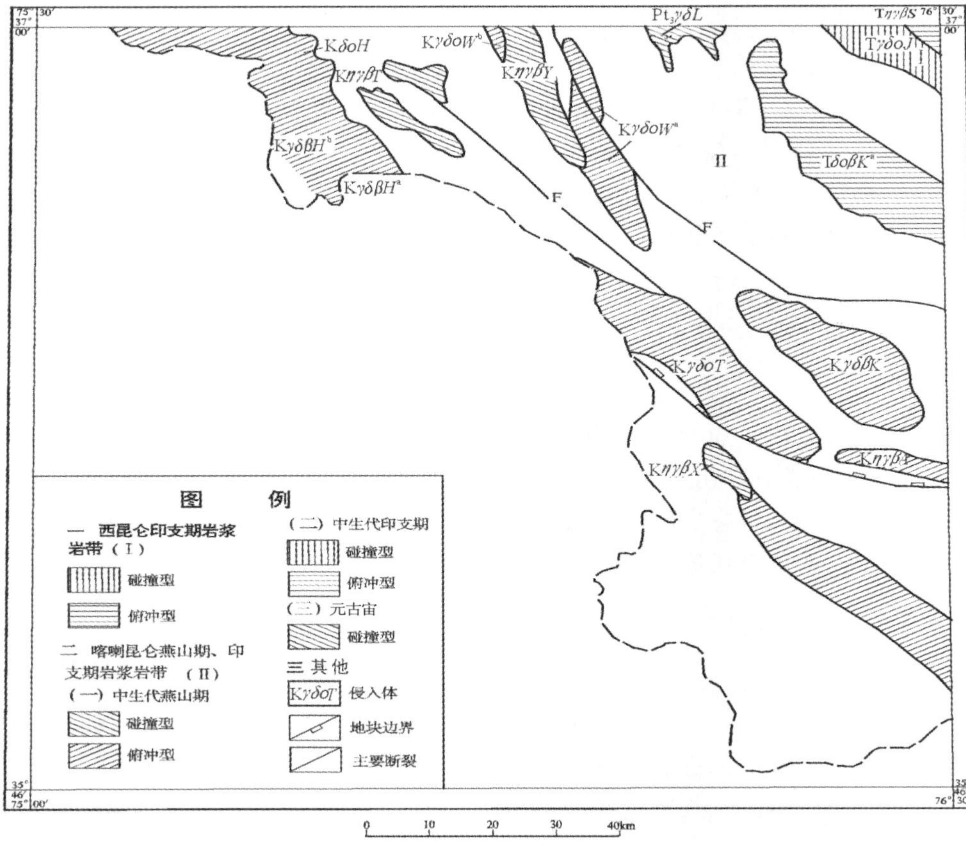

图 3-1　侵入岩分布图[塔吐鲁沟幅(J43C004003)、斯卡杜幅(J43C001003)]

系单位划分原则对其作进一步的解体和归并，侵入岩划分见表 3－1。

表 3－1　塔吐鲁沟、斯卡杜幅侵入岩划分简表

岩浆岩带	岩体名称	侵入体代号	岩 石 名 称	面积(km^2)	构造环境	(K－Ar)年龄(Ma)
喀喇昆仑燕山期岩浆岩带	于里克达坂	$K\eta\gamma\beta Y$	中粒黑云二长花岗岩	220	碰撞	
	铁干里克	$K\eta\gamma\beta T$	中粒斑状黑云二长花岗岩	60		
	肖尔布拉克	$K\eta\gamma\beta X$	中粒斑状黑云二长花岗岩	30		
	阿格勒达坂	$K\eta\gamma\beta A$	中粒黑云二长花岗岩	50	俯冲	
	克打石沟	$K\gamma\delta\beta K$	细粒黑云母花岗闪长岩	300		
	塔吐鲁沟	$K\gamma\delta o T$	细粒英云闪长岩	380		78
	乔戈里峰	$K\gamma\delta o Q$	细粒英云闪长岩	40		
	红其拉甫达坂	$K\gamma\delta\beta H^b$	中粒黑云花岗闪长岩	410		100
		$K\gamma\delta\beta H^a$	细粒黑云花岗闪长岩			
		$K\delta o H$	细粒石英闪长岩			
	乌如克	$K\gamma\delta o W^b$	中细粒英云闪长岩	170		
		$K\gamma\delta o W^a$	细粒英云闪长岩			
西昆仑印支期岩浆岩带	色日克达坂	$T\eta\gamma\beta S$	中粒斑状黑云二长花岗岩	180	碰撞	
	家吉哇西	$T\gamma\delta o J$	中粒英云闪长岩	30	俯冲	223.5
喀喇昆仑印支期岩浆岩	库库朗达坂	$T\delta o\beta K^a$	细粒黑云石英闪长岩	320	俯冲	
元古宙侵入体	龙泪吉内阿	$Pt_2\gamma\delta L$	片麻状细粒花岗闪长岩	100	碰撞	

第一节　元古宙侵入体

元古宙测区内岩浆活动相对较弱，只具局部显现的特点，仅在本图区北部龙泪吉内阿和麻扎幅内库地南有出露。龙泪吉内阿岩体岩性为细粒花岗闪长岩，其片麻状外貌特征与库地南岩体岩性极为相似。本次工作以库地南岩体为重点对元古宙岩体进行了细致研究，叙述如下。

一、地质特征

测区元古宙侵入岩仅有龙泪吉内阿岩体，为新建立侵入体，该侵入体测区内仅出现一小部分，区域上为不规则的长条状，主体侵入于布伦阔勒岩群的黑云石英片岩、二云石英片岩和条带状黑云母大理岩之中，面积约 100km^2。受后期构造变形应力改造，侵入体长轴方向与区域构造线方向一致，岩体内部矿物具有定向排列，显示片麻状构造，局部出现糜棱岩化岩石，在地貌上，仍然保留了侵入体特有的组构(结构单一、致密块状)特征，且暗色包裹体发育。包裹体多呈长条状、透镜状，与寄主岩体之间界限清楚。包裹体大小不一，多数呈 10cm×25cm，个别达 60cm×100cm。岩性主要为闪长质岩石，粒度为 0.1mm×0.5mm，暗色包裹体受后期构造影响，普遍发生变形。库地南岩体，为新建立侵入体，该侵入体为不规则的长条状，其北部侵入于长城系和蓟县系老变质地层之中(图 3－2)，其南部被早古生代苏盖特力克中粒黑云钾长花岗岩侵入(图 3－3)，详述见库地幅报告。

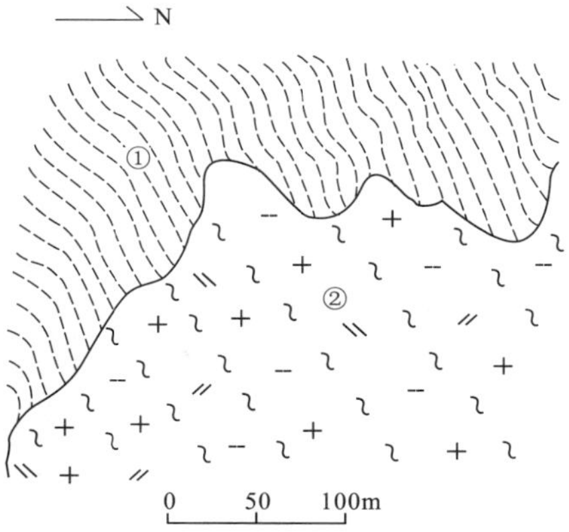

图 3-2 长城系变质地层
①与库地南岩体;②原始侵入关系

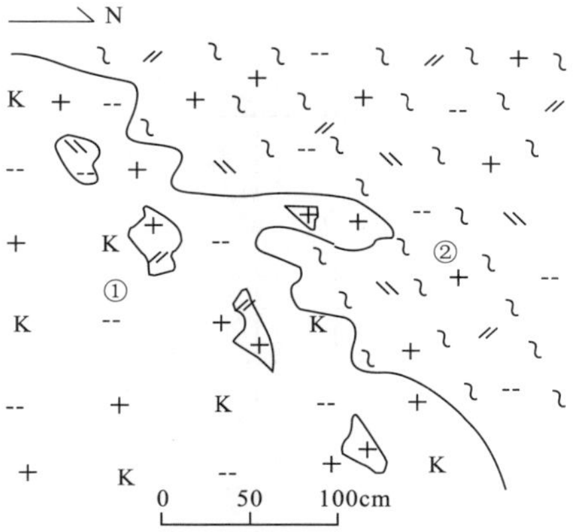

图 3-3 苏盖特力克黑云钾长花岗岩
侵入体①与库地南岩体②之间超动关系

二、岩石学特征

龙泪吉内阿岩体岩性为片麻状细粒花岗闪长岩,岩石呈深灰色到灰黑色,半自形—变余半自形柱状、粒状结构,片麻状构造(或块状构造),矿物颗粒一般为 0.5～1.5mm,少数 0.2～0.5mm。矿物成分以斜长石 45%～55%、石英 20%～25%、角闪石 10%～15%、黑云母 5%～10%为主,次有透辉石、绿泥石、绿帘石等,副矿物以磁铁矿、榍石、磷灰石、锆石等。斜长石呈半自形粒状,钾长石呈它形粒状,成分为微斜长石,长石普遍发生绢云母化,个别见有钠化;角闪石呈半自形柱状或粒状,少数发生绿泥石化。岩石遭受后期强烈变形改造,主要表现为斜长石、角闪石具有碎粒化和定向排列,石英强波状消光,局部岩石的糜棱岩化等。

三、岩石化学及地球化学特征

(一)岩石化学特征

元古宙岩体岩石化学成分含量及特征参数值见表 3-2,从表中可以看出:SiO_2 含量平均值为 68.92%,Al_2O_3 含量平均值为 14.6%,K_2O 含量平均值为 4.63%,A/CNK 值为 0.96,σ 值为 1.86,为过铝钙碱性岩石系列,显示 S 型花岗岩特征。SI 均值为 9.74,DI 均值为 80.51,反映岩石基性程度较低,岩浆分异程度较高的特征。在 A-F-M 图解(图 3-4)中落入钙碱性岩石系列区;在 Na_2O-K_2O 图解(图 3-5)中落入 S 型花岗岩区,结合 SI 和 DI 值分析认为,该岩石属于过铝的 S 型花岗岩。

(二)微量元素特征

元古宙岩体微量元素含量见表 3-3。

从表中可以看出:与维氏(1962)克拉克值相比,具有 Li、Be、Rb、Nb、Ta 元素富集,Cr、Ni、Ba、Cu、Sc 贫乏,表现为壳源元素相对富集,幔源元素相对亏损的特征。

用 MORB 作为标准参数对库地南岩体各样品进行标准化得到图 3-6。该岩体各样品具有基本一致的微量元素曲线特征,具有非常明显的两个隆起(Rb、Zr 正异常),且有幔源元素 Sr、Cr 的明显负异常(强烈亏损),反映其岩浆来源主要为地壳。

表 3-2　库地南岩体化学成分含量及特征参数值

岩体	岩体符号	样品号	氧化物含量(%)										
			SiO_2	Al_2O_3	Fe_2O_3	CaO	MgO	MnO	TiO_2	P_2O_5	K_2O	Na_2O	FeO
库地南	ηγβ	D538/3	66.97	15.17	4.39	0.76	3.85	0.04	0.45	0.05	5.28	1.48	3.75
		D538/6	70.86	14.03	3.40	1.10	2.20	0.01	0.25	0.04	3.97	2.32	2.81
		平均值	68.92	14.60	3.90	0.93	3.06	0.03	0.35	0.05	4.63	1.90	3.24
世界花岗岩★			71.3	14.32	1.21	1.84	0.71	0.05	0.31	0.12	4.04	3.68	1.64

岩体	岩体符号	样品号	氧化物含量(%)				特征参数值				
			CO_2	H_2O^+	H_2O^-	Σ	A/CNK	σ	AR	SI	DI
库地南	ηγβ	D538/3	0.85	1.69	0.40	105.13	0.911	1.31	1.939	17.26	73.91
		D538/3	0.51	0.76	0.32	102.58	0.998	2.41	3.378	2.214	87.10
		平均值	0.68	1.23	0.36	103.87	0.960	1.86	2.660	9.740	80.51
世界花岗岩★			0.05	0.64	0.13	100.04	1.040	2.11	2.892	6.294	—

★ 据 R. W. Lemaitve 1976。

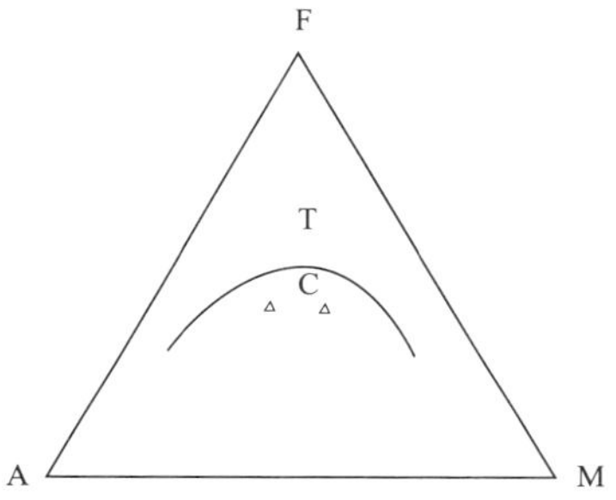

图 3-4　A-F-M 图解

T. 拉斑玄武岩；C. 钙碱型岩系

(据欧文和巴拉加尔，1971)

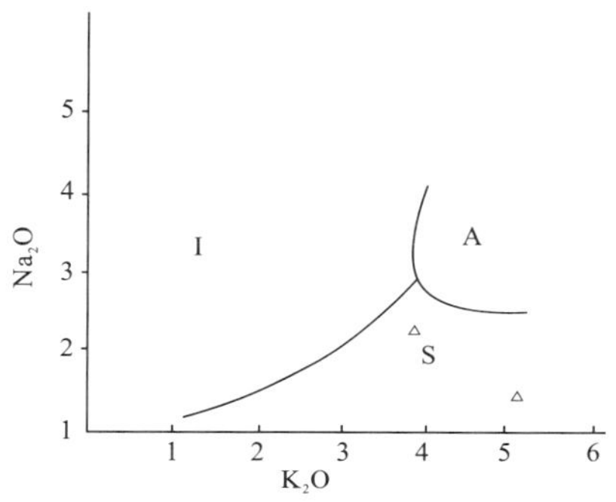

图 3-5　Na_2O-K_2O 岩石类型图解

(据 Collin，1982)

I. I 型花岗岩；A. A 型花岗岩；S. S 型花岗岩

表 3-3　库地南岩体微量元素含量表　　($\times 10^{-6}$)

岩体	岩体符号	样品号	Li	Be	Sc	V	Cr	Co	Ni	Cu	Zn	Ga
库地南	ηγβ	D538/2	89.8	6.85	11.9	52.5	35	83	15.2	4.29	55.1	23.3
		D538/3	64.4	2.42	10.6	47.6	35	73	12.9	8.1	47.9	19.6
		D538/6	52.3	4.13	8.2	28.2	21	140	9.3	2.95	45.3	16.7
		D538/7	44.4	3.45	8.8	39.1	34	123	10.5	17.8	46.8	18.1
		D538/8	49.1	4.06	9.5	34.6	33	116	9.6	10.9	56.3	21.6
克拉克值(维氏，1962)			20.0	1.80	10.0	—	83	18	58.0	47.0	83.0	20.0

岩体	岩体符号	样品号	Rb	Sr	Y	Zr	Nb	Ba	Hf	Ta	Pb	Th
库地南	ηγβ	D538/2	318.5	40.5	45.5	228	48.4	582	6.89	3.63	5.90	16.84
		D538/3	211.9	83.0	42.9	238	34.1	583	7.13	2.42	10.61	15.14
		D538/6	180.3	89.6	43.6	226	14.5	467	7.04	2.01	15.89	17.93
		D538/7	170.5	94.4	39.2	272	17.4	600	8.08	2.33	12.49	15.87
		D538/8	230.0	104.5	45.0	333	21.5	729	10.16	6.82	20.63	17.85
克拉克值(维氏，1962)			150.0	340.0	—	170	20.0	650	1.00	2.50	16.00	—

(三)稀土元素特征

稀土元素含量及特征参数值见表 3-4。稀土总量∑REE 值为 200.35×10⁻⁶～268.82×10⁻⁶，δEu 值为 0.50～1.34，其变化较大，$(La/Yb)_N$值为 6.73～17.83，显示轻稀土均匀富集，$(La/Sm)_N$值为1.60～6.34，说明轻稀土分馏度明显，$(Gd/Yb)_N$值为 0.67～1.55，显示重稀土分馏度较差。库地南岩体稀土元素配分曲线模式见图 3-7，总体显示左高右低较陡的一条曲线，轻稀土富集明显(Eu 元素除外)，重稀土明显亏损。

表 3-4 库地南岩体稀土元素含量及参数值

岩体	岩体符号	样品号	稀土元素含量($\times10^{-6}$)									
			La	Ce	Pr	Nd	Sm	Eu	Gd	Tb	Dy	Ho
库地南	ηγβ	D538/2	36.88	78.10	10.42	39.90	7.85	1.14	6.92	1.18	6.86	1.46
		D538/3	42.00	90.00	11.10	42.30	8.49	1.30	7.21	1.22	6.76	1.40
		D538/6	42.41	105.00	12.10	46.60	8.95	1.29	7.62	1.27	6.97	1.43
		D538/7	43.70	93.40	11.50	44.30	8.85	1.34	7.40	1.17	6.38	1.29
		D538/8	50.50	111.70	13.70	52.80	10.90	1.34	9.08	1.41	7.44	1.41
岩体	岩体符号	样品号	稀土元素含量($\times10^{-6}$)					特征参数值				
			Er	Tm	Yb	Lu	∑REE	δEu	δCe	$(La/Yb)_N$	$(La/Sm)_N$	$(Gd/Yb)_N$
库地南	ηγβ	D538/2	4.00	0.63	4.30	0.69	200.33	0.50	0.89	10.33	1.60	1.55
		D538/3	3.69	0.60	4.00	0.64	220.71	1.34	0.71	6.73	6.34	0.67
		D538/6	3.87	0.60	4.13	0.66	242.90	0.73	0.83	17.83	5.34	1.41
		D538/7	3.36	0.54	3.67	0.60	227.50	0.51	0.91	12.34	4.97	1.28
		D538/8	3.59	0.56	3.78	0.61	268.82	0.60	0.63	14.35	3.63	1.37

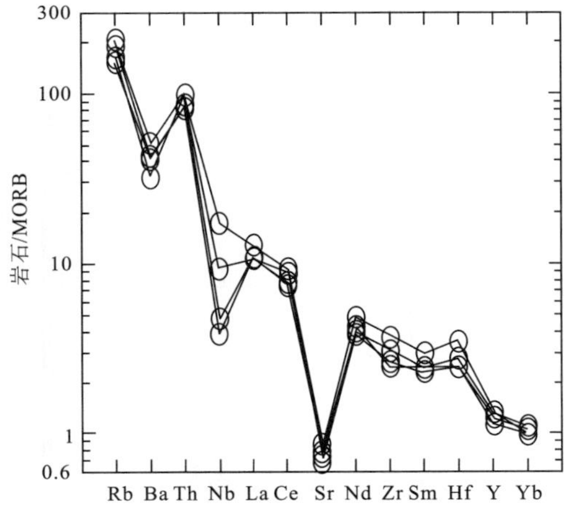

图 3-6 库地南岩体微量元素 MORB 标准化形式

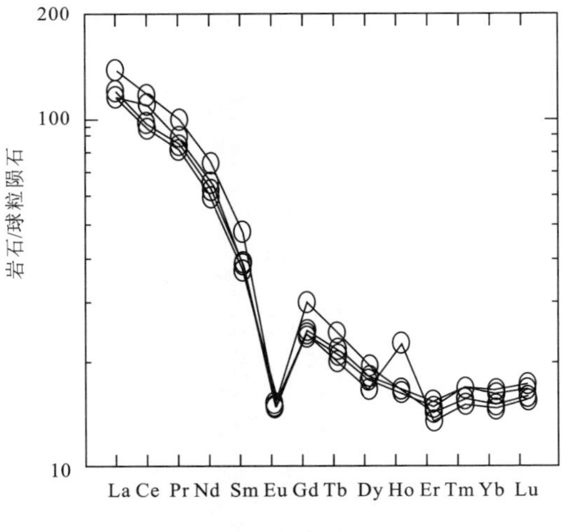

图 3-7 库地南岩体稀土元素配分模式图

四、副矿物特征

副矿物主要有磷灰石、褐铁矿、钛铁矿、榍石、锆石等。其中锆石呈黄色、灰白色，个别晶形较为完整，主要为正方柱状及双锥组成的聚形或正方双锥，透明度好，具有较强的玻璃光泽，晶棱、晶面清晰可见；大部分锆石受溶蚀作用致使晶棱、晶面圆滑或呈瘤状、不规则状，且出现有锆石的连生体，反映其遭受了后期变形作用或混合岩化作用改造。

五、成因

在 A－F－C 图解（图 3－8）中，落入 S 型区，在 δEu－$(La/Yb)_N$ 图解（图 3－9）中，主体落入壳源区；在岩石化学中，SiO_2 含量为 68.92％，Al_2O_3 含量为 14.6％，K_2O 含量为 4.63％，A/CNK 值为 0.96，σ 值为 1.86，为过铝钙碱性岩石系列，亦示 S 型花岗岩特征。结合微量元素及稀土元素分析认为该岩体属 S 型，为地壳中变质基底发生部分熔融而形成。

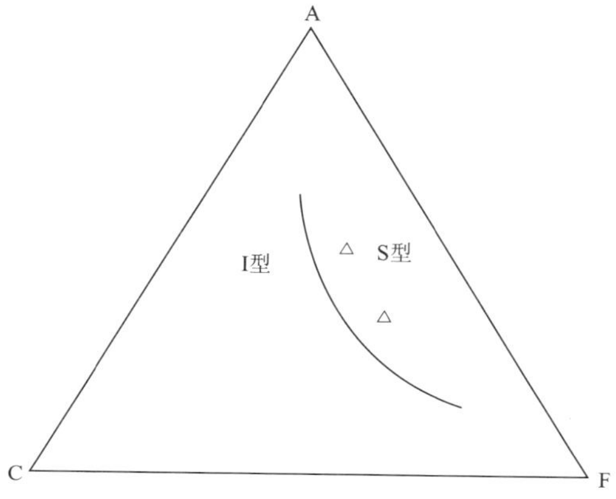

图 3－8 A－F－C 图解

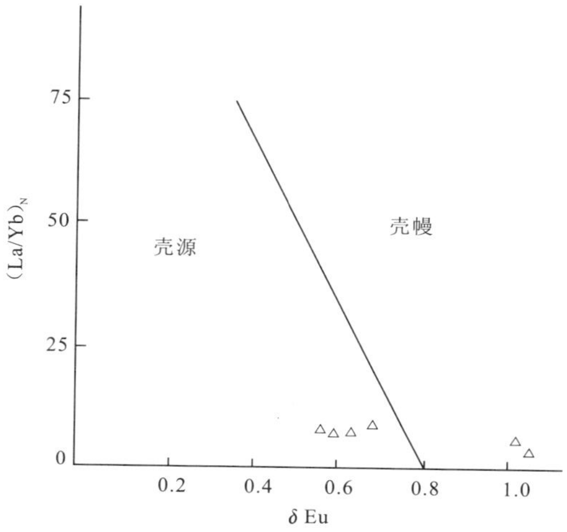

图 3－9 δEu－$(La/Yb)_N$ 图解

六、时代

张传林等人在库地南岩体中得到锆石 SHRIMP 年龄为（815±5.7）Ma。另外，库地南岩侵入于长城系赛图拉岩群片岩和片麻岩地层之中，虽受后期变形变质作用，其展布方向与区域构造线方向趋于一致，但局部穿插关系依稀可见。与长城纪地层一起经历了多期次变质作用和变形改造，发育片麻理和糜棱面理，前人曾在该岩体中选黑云母采用 K－Ar 法进行测年，获得 490Ma 的变质年龄。在其南部北早古生代的苏盖特力克细粒黑云钾长花岗岩（425Ma）超动侵入其中，二者接触带处细粒黑云钾长花岗岩中有大量的片麻状中细粒黑云二长花岗岩捕虏体。综上所述，将库地南岩体时代置于中元古代。

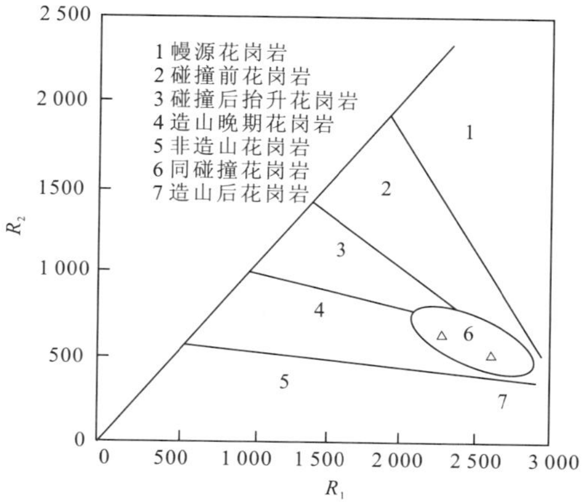

图 3－10 阳离子 R_1－R_2 图解

七、构造环境分析

在阳离子 R_1－R_2 图解（图 3－10）中，样品主体落入同碰撞花岗岩区，在（Y＋Nb）－Rb 图解（图 3－11）中，主体落入火山弧花岗岩区。按照

Maniar和 Piccoli(1989)花岗岩构造环境分类(矿物和岩石学分类),属于大陆碰撞花岗岩类(CCG),综合分析认为属碰撞型花岗岩。

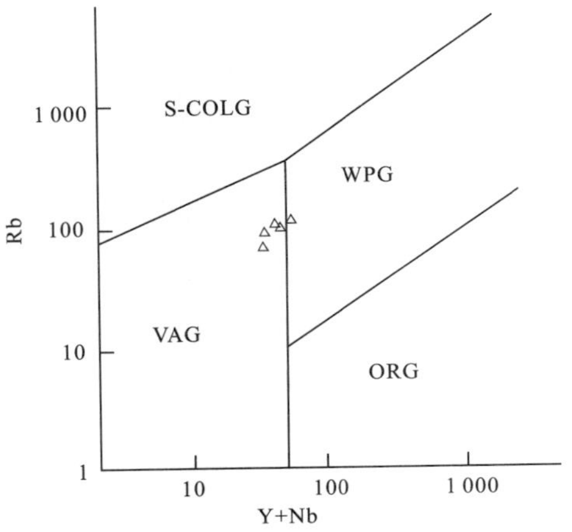

图 3-11 (Y+Nb)-Rb 图解

S-COLG. 同碰撞花岗岩;ORG. 洋脊花岗岩;WPG. 板内花岗岩;VAG. 火山弧花岗岩

八、元古宙构造岩浆演化

测区元古宙及其以前的岩浆建造与保留零星,仅在西昆仑南带、甜水海地块上零星出露。本次区调在库地南中元古代早期的蓟县系地层发现有片麻状黑云二长花岗岩,岩石化学及地球化学资料表明该岩体属于岛弧钙碱性岩石系列,具有 S 型花岗岩特征,属碰撞型花岗岩,它反映了测区内较早一次碰撞事件。依据区域资料,结合(815±5.7)Ma 的岩浆结晶年龄值分析,库地南岩体、龙泪吉内阿岩体可能是西昆仑 Rodinia 超大陆汇聚过程的记录。

第二节 中生代印支期侵入体

测区中生代印支期侵入岩规模巨大,出露面积约 2 120km^2,以麻扎-康西瓦构造混杂岩带为界分为北部西昆仑印支期构造岩浆岩带(以下简称北带)和南部的喀喇昆仑印支期构造岩浆岩带(以下简称南带)。北带与麻扎-康西瓦构造混杂岩带密切相关,紧邻其北侧出露,主体分布于麻扎达坂—阿喀孜达坂一带,平行昆仑山脉北西西向延伸,岩体长轴方向与区域构造线方向基本一致,形成宽度 20km、长大于 100km(塔吐鲁沟幅、斯卡杜幅出露长度 20km)的西昆仑印支期构造岩浆岩带。南带主要分布于库库朗达坂及谢依拉达坂一带,北西西向延伸,岩体长轴方向与区域构造线方向基本一致,形成宽度 20km、断续延伸长度大于 180km(塔吐鲁沟幅、斯卡杜幅长度 40km)的喀喇昆仑印支期构造岩浆岩带。北带可进一步分为石英二长闪长岩-二长花岗岩组合、似斑状二长花岗岩-环斑二长花岗岩组合以及闪长煌斑岩-辉绿岩组合;南带可进一步分为石英闪长岩-花岗闪长岩组合及二长花岗岩-二长白岗岩组合。岩性从中性到酸性都有发育,其中以酸性岩为主。塔吐鲁沟幅、斯卡杜幅仅涉及两个带的西部,出露面积共计 530km^2,其分布、分带特征见图 3-1、表 3-1。为保持与麻扎幅的统一,仍按照俯冲期及碰撞期进行描述。

一、俯冲期侵入体

(一)地质特征

南、北带均有出露,北带家吉哇西岩体,南带为库库朗达坂岩体。库库朗达坂岩体分布于图区东侧硝鲁克一带,平面上呈长条状,面积约 320km^2,岩性为细粒黑云石英闪长岩。主体与志留系温泉沟岩群的长石石英砂岩、绢云母粉砂质板岩呈侵入接触,北部与布伦阔勒岩群的黑云石英片岩、二云石英片岩、片麻岩及大理岩呈侵入接触,侵入界面普遍向外陡倾,倾角在 65°~75°。岩石一般呈灰绿色,细粒粒状结构,局部地段出现暗绿色辉长闪长岩的包裹体,岩体内岩石结构不均匀,色调变化大,围岩蚀变有蛇纹石化、透闪石化、绿泥石化,围岩中大理岩蛇纹石化、透闪石化、绿泥石化更明显。

家吉哇西岩体分布于图幅东北角,出露面积约 30km^2,岩性为中粒英云闪长岩。图区内呈三角形，南与晚期的色日克达坂二长花岗岩呈侵入接触，侵入界面向外陡倾。围岩蚀变明显，主要有绿泥石化和绢云母化。

（二）岩石学特征

岩石学特征见表 3-5。

表 3-5　中生代印支期侵入体岩石学特征表

岩体	岩石名称	颜色	结构	构造	粒度(mm)	主要矿物成分及特征	副矿物特征	蚀变特征
家吉哇西	中粒英云闪长岩	灰色	中粒半自形粒状结构	块状构造	2～3	斜长石（61%～62%），半自形—自形粒状晶体，发育钠长石律双晶，双晶结合面平直，An=20—22；石英（20%～23%），它形填隙粒状；黑云母（8%～10%），自形片状，多色性 Ng 棕色、Np 褐黄色；角闪石（5%～6%），自形粒状，绿色；钾长石（1%～2%），自形粒状晶体	锆石、磁铁矿、磷灰石	绢云母化
库库朗达坂	细粒黑云石英闪长岩	灰色	细粒半自形粒状结构	块状构造	0.7～1.5	斜长石（65%），呈自形—半自形粒柱状，发育钠长石律和卡钠复合律双晶，An=42—44；黑云母（8%），呈叶片状，多色性 Ng 褐色、Np 浅褐黄色；角闪石（10%～15%），呈半自形—自形柱状，为浅绿色；石英（5%～8%），呈它形填隙粒状，呈聚晶出现	锆石、磷灰石、榍石	绢云母化

（三）岩石化学及地球化学特征

1. 岩石化学特征

岩石化学成分含量及特征参数值见表 3-6。与世界花岗岩值相比，SiO_2 含量明显偏低，Al_2O_3 和 MgO 含量略显偏高外，其他成分基本相当。

表 3-6　中生代印支期岩石化学成分含量及特征参数

岩体	样品号	氧化物含量(%)										
		SiO_2	Al_2O_3	Fe_2O_3	GaO	MgO	MnO	TiO_2	P_2O_5	K_2O	Na_2O	FeO
色日克达坂	D1090/1	70.29	14.95	3.40	2.40	0.57	0.05	0.30	0.06	3.67	2.03	2.19
	D3017/1	71.65	14.03	3.25	1.15	1.23	0.04	0.25	0.03	3.06	2.64	1.99
家吉哇西	D536/1	67.62	15.17	4.39	3.16	1.12	0.03	0.30	0.11	2.95	3.08	2.87
	D1091/1	62.79	17.85	5.57	4.92	1.32	0.10	0.65	0.15	2.10	3.85	3.95
	D3159/1	62.43	17.25	5.63	4.47	1.52	0.09	0.86	0.16	1.73	3.88	3.67
	D3528/1	66.31	16.14	4.71	4.71	1.14	0.11	0.61	0.14	1.78	3.90	3.67
世界花岗岩		71.27	14.25	1.24	1.62	0.8	0.08	0.25	0.16	3.03	3.97	1.62

岩体	样品号	氧化物含量(%)				特征参数值				
		CO_2	H_2O^+	H_2O^-	Σ	A/CNK	σ	AR	SI	DI
色日克达坂	D1090/1	0.57	0.57	0.11	101.16	1.08	2.52	2.52	3.89	80.62
	D3017/1	0.44	0.97	0.15	100.88	0.95	2.6	3.22	5.72	83.25
家吉哇西	D536/1	0.65	0.34	0.15	101.94	0.96	2.40	2.237	16.35	61.32
	D1091/1	0.83	0.28	0.09	104.45	0.87	1.98	1.46	17.63	58.23
	D3159/1	1.07	0.82	0.04	103.62	0.73	3.41	1.511	28.31	56.12
	D3528/1	0.71	0.72	0.03	104.68	0.70	3.10	2.410	30.14	63.14
世界花岗岩		—	0.64	0.13	99.06	1.04	2.11	2.83	6.29	51.23

岩石化学计算表明：A/CNK 值为 0.70～1.08，明显小于 1.1，σ 值在 1.98～3.41 之间，除个别大于 3.3 外，主体小于 3.3，为次铝的钙碱性岩系，SI 值在 3.89～30.14，变化范围虽较大，但主体显示岩浆分异程度中等。在 K_2O-Na_2O 图解（图 3－12）中全部落于 I 型花岗岩区，表明岩浆主体来源于地幔。

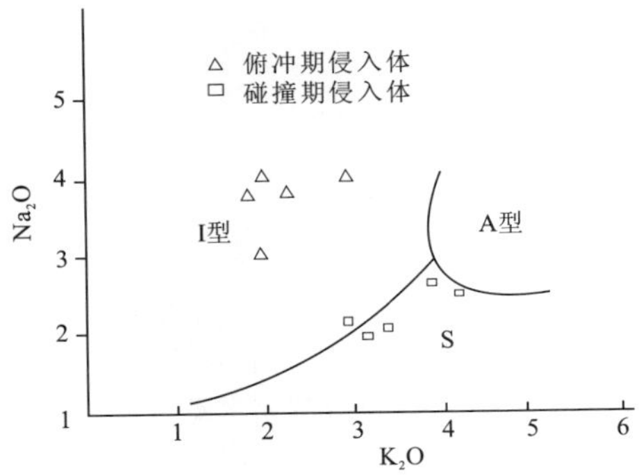

图 3－12　Na_2O-K_2O 图解

2. 微量元素特征

微量元素含量见表 3－7，与维氏（1962）克拉克值相比，Li、Be 等壳源元素略有偏高，而 Cr、Ni、Co 等幔源元素略有偏低，反映出较酸性的地球化学背景值，说明有相当部分的壳源物质注入。

表 3－7　中生代印支期俯冲期微量元素含量表　（$\times10^{-6}$）

岩体	岩体符号	样品号	Li	Be	Sc	V	Cr	Co	Ni	Cu	Zn	Ga
家吉哇西	$\gamma\delta\beta$	D536/1	18.7	2.27	6.80	36.9	2.4	2.15	6.9	56.90	17.2	1.47
		D536/2	10.6	2.09	7.20	39.3	4.0	57.00	2.39	4.09	53.6	17.60
		D536/3	15.8	2.07	6.80	37.1	10.3	68.00	2.90	9.70	65.8	17.00
		D3159/1	23.3	2.56	14.80	89.2	16.2	9.97	2.12	20.70	107.0	19.30
	$\gamma\delta o$	D3528/1	22.6	3.10	9.39	72.0	15.1	7.86	—	17.90	86.4	21.00
		D1091/2	26.8	2.16	8.65	55.4	3.8	8.54	2.66	46.00	99.4	18.40
克拉克值（维氏，1962）			20.0	1.80	10.00	—	83.0	18.00	58.00	47.00	83.0	20.00
岩体	岩体符号	样品号	Rb	Sr	Y	Zr	Nb	Ba	Hf	Ta	Pb	Th
家吉哇西	$\gamma\delta\beta$	D536/1	97.0	319	21.4	237.0	15.4	947.00	6.07	1.11	20.37	14.24
		D536/2	93.6	362	22.4	223.0	15.7	3.07	5.52	1.10	13.83	12.55
		D536/3	123.6	337	9.0	211.0	15.3	1.65	5.21	1.15	16.86	13.86
		D3159/1	93.0	370	16.5	28.1	27.1	621.00	0.74	1.46	26.10	7.73
	$\gamma\delta o$	D3528/1	84.9	458	23.8	56.6	30.4	502.00	0.97	1.00	13.20	8.60
		D1091/2	100.0	377	18.2	43.7	24.7	909.00	0.87	1.10	18.70	9.96
克拉克值（维氏，1962）			150.0	340	—	170.0	20.0	650.00	1.00	2.50	16.00	—

MORB 作标准化得到曲线图（图 3－13），两个侵入体具有大致相似的微量元素组成，曲线形态总体趋于一致，为左高右低的形态，反映其形成于相似的构造环境，具有相似的物质来源，或者岩浆具有明显的继承性。其中 Th、La 等亲石元素强烈富集，曲线形态与大洋玄武岩接近，同时曲线的右半部分又与大陆玄武岩接近，说明岩浆主要来源于地幔，同时有大量的陆壳物质加入，是壳幔共同作用的结果。

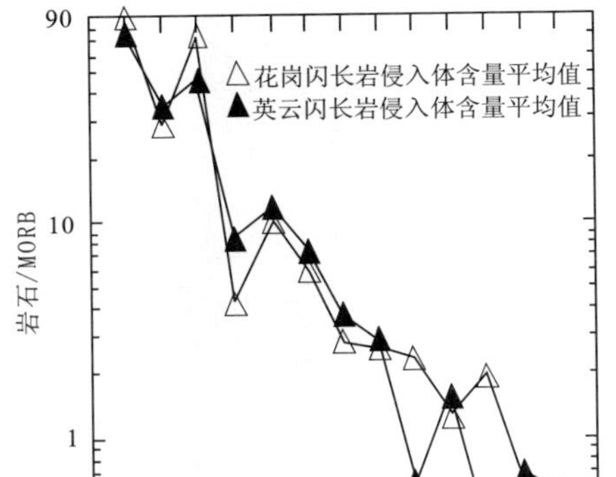

图 3－13　中生代印支俯冲期侵入体微量元素 MORB 标准化形式

3. 稀土元素特征

稀土元素含量及特征参数见表 3－8。从表中可以看出稀土总量 $\sum REE = 156.35$

$\times10^{-6}$～197.58$\times10^{-6}$，δEu值大部分在0.7左右，铕负异常不明显，$(La/Yb)_N$值为7.63～34.25，说明轻稀土强烈富集，$(La/Sm)_N$值为2.09～5.31，$(Gd/Yb)_N$值为1.16～13.74，说明轻稀土分馏程度较好，重稀土分馏程度中等到较好。稀土元素配分曲线模式见图3-14，总体显示左高右低的陡倾形态特征，各个侵入体之间的曲线形态吻合程度较好，说明它们之间具有相同的物质来源或演化历程。

表3-8 中生代印支期俯冲期稀土元素含量及特征参数值

岩体	岩体符号	样品号	稀土元素含量($\times10^{-6}$)									
			La	Ce	Pr	Nd	Sm	Eu	Gd	Tb	Dy	Ho
家吉哇西	γδβ	D536/1	36.5	68.8	7.91	27.1	4.51	1.14	3.97	0.58	3.13	0.64
		D536/2	40.5	71.4	7.88	27.8	4.71	1.22	4.17	6.61	3.75	0.69
		D536/3	42.3	73.1	8.06	28.0	4.61	1.08	4.02	0.59	3.27	0.66
		D3159/1	28.7	63.5	8.00	28.6	6.05	1.57	5.80	0.92	5.22	1.01
	γδo	D3528/1	32.8	66.2	7.51	27.3	5.46	1.51	5.40	0.78	4.42	0.87
		D1091/2	46.6	88.0	9.28	31.3	5.68	1.53	5.44	0.71	3.79	0.67

岩体	岩体符号	样品号	稀土元素含量($\times10^{-6}$)					特征参数值				
			Er	Tm	Yb	Lu	∑REE	δEu	δCe	$(La/Yb)_N$	$(La/Sm)_N$	$(Gd/Yb)_N$
家吉哇西	γδβ	D536/1	1.78	0.28	1.92	0.33	158.59	0.53	0.63	7.63	1.96	2.68
		D536/2	1.86	0.30	2.04	0.34	173.27	0.60	0.59	34.25	5.31	1.16
		D536/3	1.79	0.29	2.01	0.34	170.12	0.76	0.68	13.36	3.10	13.74
		D3159/1	3.17	0.45	2.91	0.45	156.35	0.69	0.87	17.97	2.09	3.96
	γδo	D3528/1	2.57	0.35	2.33	0.33	157.84	0.95	0.69	14.35	3.17	3.01
		D1091/2	2.15	0.26	1.90	0.27	197.58	0.29	0.67	9.56	2.89	5.03

（四）副矿物特征

副矿物组合为磁铁矿、锆石、磷灰石、榍石和褐铁矿。其中主要为磁铁矿、锆石和磷灰石，属常见岩浆型花岗岩副矿物组合。锆石颗粒长宽比为2∶1和4∶1，普遍大于2，反映其物源较深。

家吉哇西岩体中锆石多数晶体呈浅玫瑰色，金刚光泽，半透明，主要为四方双锥柱聚形晶，晶面粗糙，次浑圆状，个别晶体呈浑圆状，微量有蚀坑。包裹体普遍，主要为分布无序的锆石，少量星点状性质不明黑色物质。紫外灯下锆石发亮黄色光。

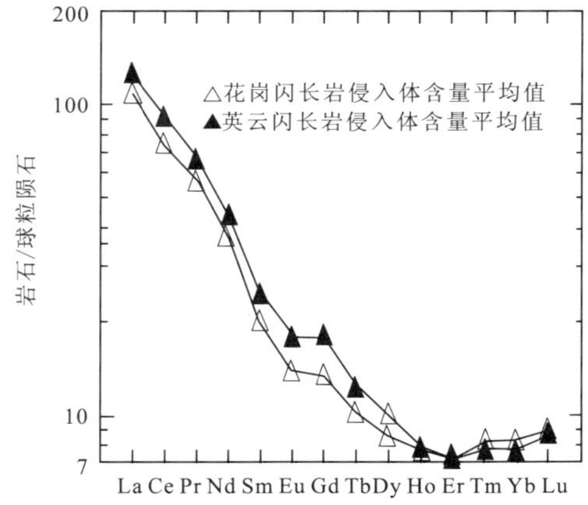

图3-14 中生代印支俯冲期侵入体稀土元素配分模式图

（五）成因

在Na_2O-K_2O图解（图3-12）中，投于I型花岗岩区；在δEu-$(La/Yb)_N$图解（图3-15）中，主体落入壳幔混合岩区。岩石化学中，SiO_2含量值在62.43%～67.62%，A/CNK值在0.70～0.96，明显小于1.1，里特曼指数值(σ)在1.98～3.41，主体小于3.3，为次铝的钙碱性岩石系列。结合地球化学背景值，综合分析成因类型为I型，物质主要来源于地幔且有一定量的壳源物质注入而成。

（六）时代

本次工作在家吉哇西岩体中粒斑状黑云母花岗闪长岩中采了两个人工重砂样品，由国土资源部天津地质矿产研究所采用锆石 U－Pb 法测年分析，分别获得 228.9Ma 和 223.6Ma 的年龄值，结合其所处构造位置及岩体的结构成分特征，将其时代置为三叠纪。

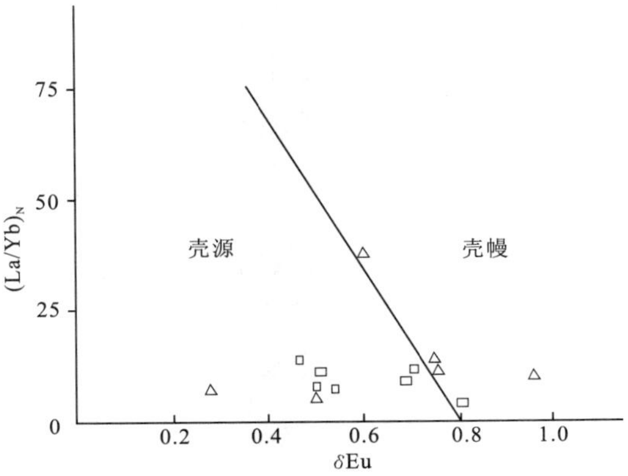

图 3－15　δEu－$(La/Yb)_N$ 相关图解

（七）构造环境分析

在 Y－Nb 图解（图 3－16）中，样品全部落于火山弧环境，并且很集中，在阳离子 R_1-R_2 图解（图 3－17）中，投入到幔源型及与板块碰撞前花岗岩的接触区。按 Babarin 构造环境分类，属含角闪石钙碱性花岗岩类（ACG），为俯冲作用的产物。按 Maniar 和 Piccoli 构造环境分类，属大陆弧花岗岩类（CAG）。结合区域构造位置及岩浆演化的特征分析认为，属俯冲构造环境。

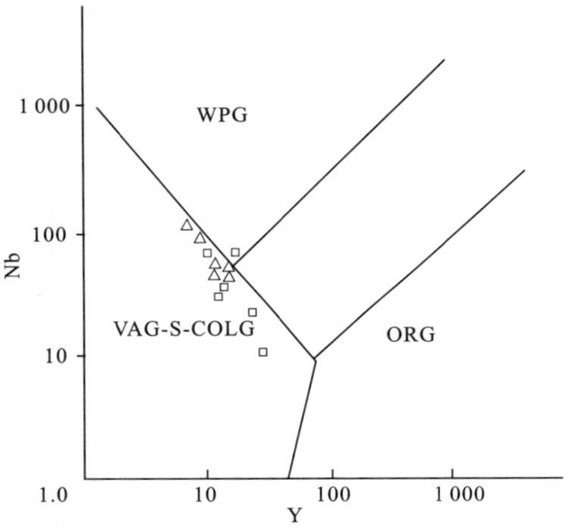

图 3－16　Y－Nb 图解

S－COLG. 同碰撞花岗岩；ORG. 洋脊花岗岩；WPG. 板内花岗岩；VAG. 火山弧花岗岩

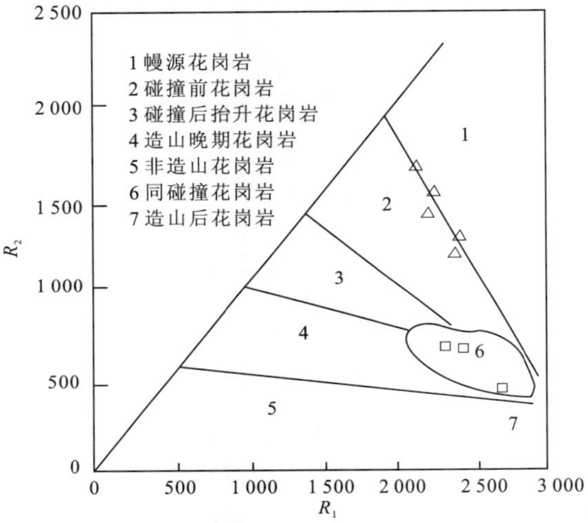

图 3－17　阳离子 R_1-R_2 图解

二、碰撞期侵入岩

（一）地质特征

仅见于北带，分布于图幅内东北角，平面上呈规则的长条状，长轴方向与区域构造线方向一致，面积约 130km²，岩性为中粒斑状黑云二长花岗岩（麻扎幅内命名的色日克达坂岩体）。其北与早期家吉哇西英云闪长岩呈侵入接触，南与志留系温泉沟岩群的长石石英砂岩、绢云母粉砂质板岩及三叠系赛力亚克达坂群砂岩组呈断层接触。围岩蚀变明显，主要有褐铁矿化、绢云母化。

（二）岩石学特征

岩石学特征见表 3－9。

表 3-9 碰撞期侵入体岩石学特征

岩体	岩石名称	颜色	结构	构造	粒度(mm)	主要矿物成分及特征	副矿物特征	蚀变特征
色日可达坂	中粗粒斑状黑云二长花岗岩	灰色	似斑状结构	块状构造	似斑晶 10～15 基质 2～4	似斑晶:钾长石(10%),呈半自形板状,具钠长石条纹结构;基质:斜长石(30%～35%),斜长石呈半自形柱状,具有钠长石律双晶;石英(25%～30%),呈它形聚晶粒状;黑云母(5%～8%),自形叶片状	磷灰石 磁铁矿 锆石	绢云母化 绿泥石化 高岭土化

(三)岩石化学及地球化学特征

1. 岩石化学特征

岩石化学成分含量及特征参数见表 3-6。SiO_2 含量为 70.29%～71.65%,属酸性岩范畴,与世界花岗岩相比,除 P_2O_5 稍偏低外,其他成分基本相当。从早到晚,SiO_2 含量由低变高。

岩石化学计算表明,A/CNK 值为 0.95～1.08;σ 值为 2.52～3.41,主体小于 3.3,为钙碱性岩石系列;SI 值为 3.89～5.72,DI 值为 80.62～83.25,都显示其岩浆分异程度较高,岩浆基性程度较低。在 A-C-F 图解(图 3-18)中主体落于 S 型花岗岩区,表明岩浆主体来源于地壳。

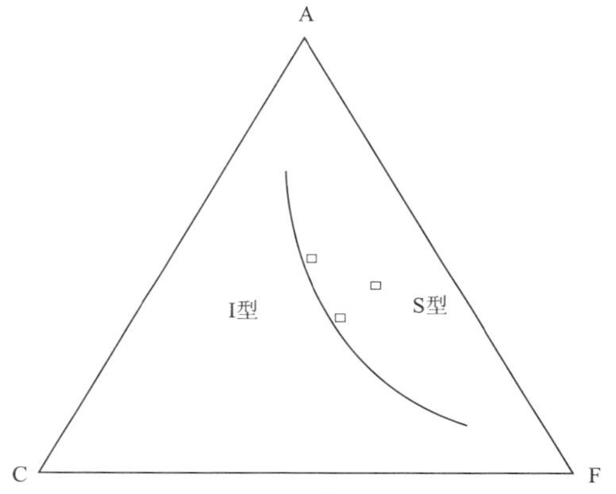

图 3-18 A-C-F 图解

2. 微量元素特征

微量元素含量见表 3-10,与地壳克拉克值相比较:以 Li、Rb、Be、Nb 元素相对富集,Cr、Ni、Cu 元素相对贫化,表现为壳源元素相对富集、幔源元素相对贫化为特征。用 MORB 作标准化得到曲线图 3-19,各侵入体具有大致相似的微量元素组成,曲线形态总体趋于一致,为左高右低的形态,反映其形成于相似的构造环境,具有相似的物质来源,或者岩浆具有明显的继承性。其中 Rb、Th 等元素强烈富集,而 Ba、Sr 等元素明显亏损,曲线形态与 S 型花岗岩微量元素曲线相似,说明岩浆主要来源于地壳,是地壳深部熔融的结果。

表 3-10 碰撞期微量元素含量 ($\times10^{-6}$)

岩体	岩体符号	样品号	Li	Be	Sc	V	Cr	Co	Ni	Cu	Zn	Ga
色日可达坂	$\eta\gamma\beta$	D3017/1	24.70	3.00	3.63	17.50	4.80	110.00	1.66	2.49	205	18.30
		D1090/3	14.00	1.63	3.89	80.90	60.20	8.65	4.49	24.20	149	19.00
		D3161/2	18.30	0.20	42.50	201.00	759.00	45.80	199.00	131.00	105	11.90
克拉克值(维氏,1962)			20.00	1.80	10.00	—	83.00	18.00	58.00	47.00	83	20.00
岩体	岩体符号	样品号	Rb	Sr	Y	Zr	Nb	Ba	Hf	Ta	Pb	Th
色日可达坂	$\eta\gamma\beta$	D3017/1	157.70	30	29.80	202.00	14.40	1 371	5.90	1.66	87.46	17.25
		D1090/3	63.50	293	19.30	64.70	24.90	819	1.17	1.07	14.00	7.67
		D3161/2	101.00	275	22.60	22.60	21.30	778	0.67	1.60	20.70	11.80
克拉克值(维氏,1962)			150.00	340	—	170.00	20.00	650	1.00	2.50	16.00	—

3. 稀土元素特征

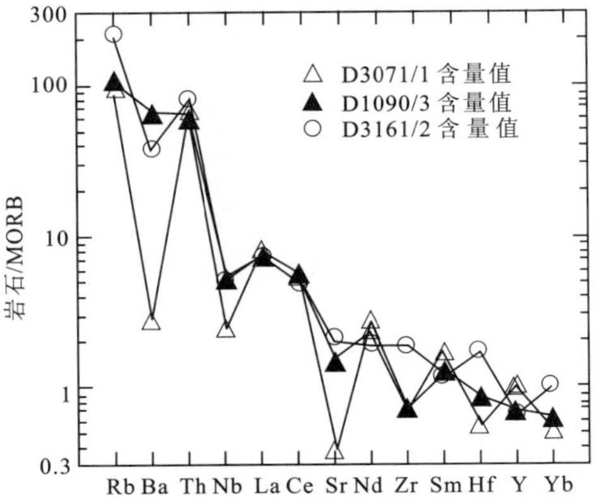

图 3-19　中生代印支碰撞期侵入体微量元素 MORB 标准化形式

稀土元素含量及特征参数见表 3-11，ΣREE 值为 137.44×10^{-6}～184.50×10^{-6}，稀土总量较高，δEu 值在 0.49～0.81 之间，其值变化虽较大，但其主体小于 0.7，铕负异常明显，物质主要来源于上下地壳不同程度熔融而成，$(La/Yb)_N$ 值为 6.21～19.30，说明轻稀土富集均匀，$(La/Sm)_N$ 值为 4.39～6.32，说明轻稀土分馏程度明显，$(Gd/Yb)_N$ 值为1.36～1.98说明重稀土分馏程度一般。稀土元素配分曲线模式见图 3-20，具有明显的左高右低的陡倾形态（富集轻稀土），铕负异常明显。各岩体具有基本相同的稀土元素特征，说明各岩体具有相同的物质来源和演化历程。

表 3-11　碰撞期稀土元素含量及特征参数表

岩体	岩体符号	样品号	稀土元素含量（$\times10^{-6}$）									
			La	Ce	Pr	Nd	Sm	Eu	Gd	Tb	Dy	Ho
色日可达坂	ηγβ	D3017/1	27.91	57.20	6.62	23.60	4.66	0.85	4.20	0.70	4.12	0.89
		D1090/3	30.00	68.40	6.85	25.80	4.75	1.56	4.85	0.70	3.75	0.76
		D3161/2	41.00	80.40	8.86	29.60	5.39	1.28	5.94	0.80	4.63	0.85
克拉克值（维氏，1962）			20.00	1.80	10.00	—	83.00	18.00	58.00	47.00	83.00	20.00

岩体	岩体符号	样品号	稀土元素含量（$\times10^{-6}$）					特征参数值				
			Er	Tm	Yb	Lu	ΣREE	δEu	δCe	$(La/Yb)_N$	$(La/Sm)_N$	$(Gd/Yb)_N$
色日可达坂	ηγβ	D3017/1	2.59	0.42	2.95	0.50	137.21	0.81	0.47	6.21	6.32	1.36
		D1090/3	2.30	0.33	2.08	0.31	152.44	0.49	1.11	19.30	4.76	1.98
		D3161/2	2.70	0.35	2.36	0.34	184.50	0.51	0.96	14.68	4.39	1.74
克拉克值（维氏，1962）			150.00	340.00	—	170.00	20.00	650.00	1.00	2.50	16.00	—

（四）副矿物特征

副矿物组合为锆石、磁铁矿、磷灰石，为常见的岩浆型花岗岩副矿物组合，锆石颗粒长宽比为 1∶1 和 4∶1，大部分小于 1，反映其物源较浅。

色日克达坂岩体中的锆石晶体呈淡玫瑰色，金刚光泽，透明，晶体呈棱角状，晶体表面光滑平整，以柱状聚形晶为主，晶体中含有较多的细小锆石包裹体。锆石的岩浆成因明显，紫外灯光下锆石发亮黄色光。

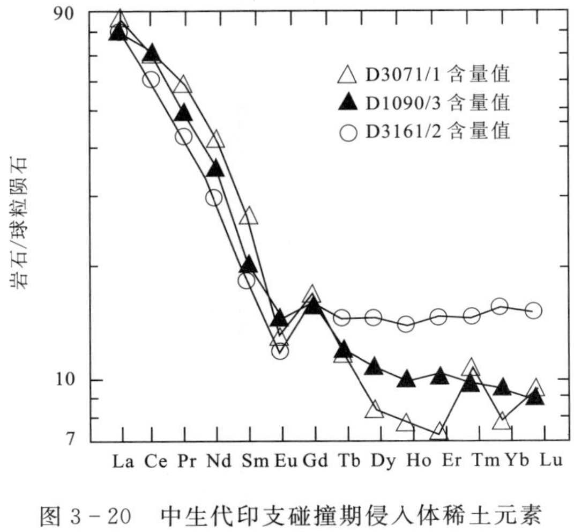

图 3-20　中生代印支碰撞期侵入体稀土元素配分模式

(五)时代

本次区调在相邻幅同期次、同环境麻扎岩体中粒斑状黑云二长花岗岩中采了一个人工重砂样品,由国土资源部天津地质矿产研究所采用锆石 U－Pb 法测年分析,获得 208Ma 的年龄值,时代为晚三叠世。另外,汪玉珍等(1980)在该岩体中作 Rb－Sr 等时线,获得 199.9Ma 的年龄值。该期侵入体与区域三叠纪侵入岩面貌相似,并结合其所处构造位置及岩体的结构成分特征,将其时代置为三叠纪晚期。

(六)构造环境分析

在 Y－Nb 图解(图 3－16)中,样品全部落于同碰撞花岗岩区,并且很集中,在阳离子 R_1-R_2 图解(图 3－17)中,投入到同碰撞花岗岩区。按 Babarin 构造环境分类,属富含黑云母过铝花岗岩类(CPG),为碰撞作用的产物。按 Maniar 和 Piccoli 构造环境分类,属大陆碰撞花岗岩类(CCG)。结合区域构造演化及岩浆演化规律,分析认为属碰撞构造环境。

三、印支期构造岩浆演化

印支期侵入岩分布广泛,主要分布于西昆仑南带、甜水海地块北部及巴颜喀拉印支期褶皱带中,在同一构造单元之中不同岩石类型相互套叠世出现。

晚印支期早期(T_3^{1-2})测区内以中酸性岩浆活动为特征,主要有库库朗达坂的黑云石英闪长岩、斜依拉达坂的黑云母花岗闪长岩、家吉哇西的英云闪长岩和二长花岗岩,主体分布于康西瓦结合带两侧,由早到晚岩性由中性向酸性方向演化。岩石化学及地球化学特征显示该期侵入体属岛弧钙碱性岩石系列,具有 I 型花岗岩特征。结合区域资料分析(整个青藏高原北部没有晚三叠世的蛇绿岩),它可能代表了一种滞后型的岩浆活动,即虽然具有俯冲型花岗岩的岩石学、岩石化学特点,但是却侵位于碰撞阶段。

印支期末期(T_3^3)测区内岩浆活动以酸性岩浆活动为特征,主要有麻扎黑云二长花岗岩、色日可达坂斑状黑云二长花岗岩、精尼克盖曼二长白岗岩,主体出露于康西瓦结合带两侧。岩石化学及地球化学特征也都同时表明具有 S 型花岗岩特征,属碰撞阶段岩浆活动的产物。上述特征表明印支末期以麻扎-康西瓦构造混杂岩带分割的西昆仑与甜水海-喀喇昆仑地块发生碰撞造山形成了测区该时期一系列的同造山、同碰撞的花岗岩带。这次碰撞运动对整个测区乃至青藏高原北部都非常重要,使整个测区都抬升形成陆地,并形成磨拉石建造。

罕亚依拉克岩体中的闪长煌斑岩与辉绿岩组合指示了造山后岩石圈调整过程中的去根作用,其时代可能延续到早侏罗世。

第三节 中生代燕山期侵入体

测区燕山期侵入岩规模巨大,仅塔吐鲁沟幅、斯卡杜幅出露面积达 1 585km²(全区 2 806km²),主体分布于红其拉甫、塔吐鲁沟、乔戈里峰一带,平面上岩体形态均呈不规则的长条状,长轴方向与区域构造线方向一致,呈北西—南东方向展布,形成宽度大于 60km、长度大于 240km(向西延伸出图)的喀喇昆仑燕山期构造岩浆岩带,塔吐鲁沟幅、斯卡杜幅出露长度约 140km。该岩浆岩带形成时代上与南部的雅鲁藏布江洋的俯冲消减时代一致,可能是该洋壳向北消减俯冲的结果。燕山期侵入岩的主体为一套中酸性的花岗岩,其分布见图 3－1,参照岩石谱系单位划分原则对其作进一步的解体和归并，侵入岩划分见表 3－1。

一、俯冲期侵入岩

主体分布于克勒青河上游及红其拉甫一带，出露面积约 1 350km^2，总体呈带状分布于该岩浆岩带的南部，单个侵入体呈透镜状及不规则长状，长轴方向与区域构造线方向完全一致。根据各侵入体之间及围岩接触关系、空间位置、所处的构造位置和各侵入体的岩石学特征，将俯冲期侵入岩划分为两种岩石组合类型，即石英闪长岩-花岗闪长岩组合、英云闪长岩-二长花岗岩岩组合。

（一）石英闪长岩-花岗闪长岩组合

1. 地质特征

石英闪长岩-花岗闪长岩组合由红其拉甫达坂一个岩体组成，根据岩体内部的岩石组合特征、接触关系及岩浆演化规律进一步划分为 3 个侵入体，由早到晚依次为细粒石英闪长岩侵入体、细粒黑云母花岗闪长岩侵入体和中粒黑云母花岗闪长岩侵入体。

细粒石英闪长岩侵入体出露于图区西侧红其拉甫达坂一带，平面上呈不规则的长条状（带状），长度大于 30km，宽 2km 左右，测区内面积约 60km^2，两端已出图区。其北侧侵入于二叠系神仙湾岩群上岩段，侵入界面清楚，向外陡倾，倾角在 65°～75°之间，南侧与晚期的黑云母花岗岩呈涌动接触。该岩体的边部有明显的片理化现象，可见到矿物定向排列形成的片麻状构造。围岩蚀变明显，具有褐铁矿化、绢云母化等。

侵入体内不均匀地含有深源包裹体，多呈浑圆状，大小在（3cm×5cm）～（15cm×25cm）之间都有，与围岩大多数界线清楚，且具细粒边，暗色包裹体内部岩浆结构明显，少数包裹体亦存在过渡现象。局部地段包裹体有成群出现的趋势，包裹体多的地方可达 30％，包裹体成分有角闪闪长岩、辉长闪长岩等。

中粒黑云母花岗闪长岩侵入体与细粒黑云母花岗闪长岩侵入体之间亦呈涌动接触关系，平面上呈不规则的长条状，长轴方向与区域构造线方向一致，面积约 350km^2。北侧与早期的细粒石英闪长岩呈涌动接触关系，南侧大部分已出国境线，局部地段与二叠系神仙湾岩群上岩组的粉砂质板岩、长石石英砂岩呈侵入接触关系。侵入体内部亦有无规律分布的暗色深源包裹体，包裹体特征与早期侵入体内部的暗色包裹体特征相似，但含量明显减少。

红其拉甫达坂岩体规模中等，边界基本圆滑。主体侵入于二叠系的变质碎屑岩之中，侵入界面大部分向外陡倾，接触变质晕不发育，岩体边部细粒边明显，上述特征反映该岩体侵位深度较浅，剥蚀程度不大。根据 Hymdam（1985）划分方案判断，该岩体可能侵入于中带，剥蚀程度为中等剥蚀。

2. 岩石学特征

岩石学特征见表 3－12。

3. 岩石化学及地球化学特征

1）岩石化学特征

岩石化学成分含量及特征参数见表 3－13，SiO_2 含量为 61.31％～71.75％，主体属于酸性岩范畴，与世界花岗岩值（维氏，1962）相比，除 Fe_2O_3 与 MgO 含量偏高外，其他成分基本相当。

表 3-12　红其拉甫达坂岩体岩石学特征

岩体	岩性	颜色	结构	构造	粒径(mm)	主要矿物成分特征	副矿物特征	蚀变特征
红其拉甫达坂	中粒黑云母花岗闪长岩	深灰色	中粒半自形粒状结构	块状构造	1.5～3	斜长石(46%～48%)，呈半自形柱状，晶体浑浊，双晶不清；钾长石(18%～20%)，呈它形粒状，较洁净，个别显示条纹结构；石英(25%～27%)，它形粒状，洁净；角闪石(3%～4%)，自形柱状，浅绿色；黑云母(4%～5%)，自形片状	锆石	绢云母化黝帘石化
	细粒黑云母花岗闪长岩	深灰色	细粒半自形粒状结构	块状构造	0.8～2	斜长石(36%～39%)，呈自形—半自形柱状，晶体较洁净，具有较清楚的钠长石律双晶和卡钠复合律双晶，An=24—26；钾长石(20%)，呈它形粒状，洁净，稍显格子双晶，系微斜长石；石英(25%～27%)，呈它形粒状；黑云母(15%～17%)，黑云母自形片状，多色性Ng红褐色、Np浅褐色	锆石 磷灰石 磁铁矿	绿泥石
	细粒石英闪长岩	深灰色	细粒半自形粒状结构	块状构造	0.7～1.5	斜长石(59%～60%)，呈半自形粒状，晶体稍浑浊，双晶为钠长石律双晶和卡钠复合律双晶；钾长石(5%～6%)，呈它形粒状，晶体较洁净，具有格子双晶，系微斜长石；石英(8%～10%)，呈它形晶体；黑云母(10%～12%)，片状；次闪石(12%～14%)，呈半自形纤柱状	磁铁矿 锆石	次闪石化 绿泥石化 绢云母化

表 3-13　中生代燕山期岩石化学成分含量表

岩体	样品号	氧化物含量(%)										
		SiO_2	Al_2O_3	Fe_2O_3	GaO	MgO	MnO	TiO_2	P_2O_5	K_2O	Na_2O	FeO
于里克达坂	D3083/1	72.46	14.33	1.45	1.60	0.44	0.02	0.30	0.06	4.67	1.60	1.31
铁干里克	D1595/1	69.23	15.45	3.33	2.68	1.10	0.09	0.33	0.18	4.31	2.16	2.71
肖尔布拉克	D2063/1	70.23	14.26	2.63	1.62	0.99	0.04	0.40	0.23	4.77	1.99	1.97
克打石沟	D553/2	68.58	15.14	3.84	1.83	1.04	0.04	0.60	0.10	2.27	5.33	2.72
乌如克	D3084/1	60.35	15.85	6.34	6.37	3.79	0.12	0.75	0.15	1.85	2.66	4.90
	D3078/3	71.72	14.74	1.63	1.83	0.54	0.02	0.37	0.09	4.09	4.14	1.03
塔吐鲁沟	D549/1	71.75	14.98	2.01	2.20	0.82	0.01	0.25	0.08	2.32	2.62	1.79
	D571/1	63.59	15.48	5.72	3.55	1.78	0.04	1.10	0.30	2.16	3.02	3.12
红其拉甫达坂	D3542/1	61.31	16.37	4.80	5.27	2.60	0.10	0.70	0.27	4.05	2.05	4.23
	D3540/2	68.25	15.65	2.78	3.85	1.12	0.05	0.50	0.15	4.08	2.88	2.86
	D3537/1	68.84	15.24	3.28	3.05	1.15	0.06	0.50	0.23	3.30	2.49	2.62
	D3539/1	71.72	14.75	2.17	1.72	0.66	0.03	0.30	0.28	3.62	2.60	1.77
世界花岗岩		71.27	14.25	1.24	1.62	0.8	0.08	0.25	0.16	3.03	3.97	1.62

岩体	样品号	氧化物含量(%)				特征参数值				
		H_2O^+	H_2O^-	CO_2	Σ	A/CNK	σ	AR	SI	DI
于里克达坂	D3083/1	0.55	0.01	0.40	99.20	1.50	2.59	2.94	4.91	88.38
铁干里克	D1595/1	0.96	0.08	0.42	103.03	1.77	2.40	7.34	2.80	87.23
肖尔布拉克	D2063/1	0.27	0.03	0.53	99.96	1.37	2.41	3.39	6.52	80.14
克打石沟	D553/2	0.52	0.01	1.07	103.09	1.61	2.07	1.83	21.65	72.32
乌如克	D3084/1	0.43	0.01	1.67	105.24	1.32	1.93	1.69	23.74	59.32
	D3078/3	0.01	0.29	0.40	100.90	1.45	2.95	2.31	29.31	56.78
塔吐鲁沟	D549/1	0.82	0.02	0.64	100.31	1.83	3.29	1.36	30.20	65.46
	D571/1	0.79	0.06	1.94	102.65	1.53	3.13	2.41	32.34	67.12
红其拉甫达坂	D3542/1	1.71	0.11	0.45	104.02	1.45	1.91	2.24	17.76	55.48
	D3540/2	0.60	0.05	0.53	103.35	1.38	1.99	1.70	17.25	64.89
	D3537/1	1.12	0.06	0.47	102.41	1.71	3.40	1.47	28.36	62.14
	D3539/1	0.87	0.08	0.54	101.11	1.82	3.29	1.61	31.20	53.29
世界花岗岩		0.13	0.64	0.13	99.19	1.04	2.11	2.83	6.29	51.23

岩石化学计算表明：A/CNK 值为 1.38～1.82，σ 值为 1.91～3.40，主体小于 3.3，AR 值为 1.36～7.34，显示为过滤的钙碱性岩石系列。SI 值为 17.25～31.20，变化范围虽较大，但主体显示岩浆分异程度中等。在 A－F－M 图解（图 3－21）中，主体落于钙碱性岩石系列区，在 Na_2O-K_2O 图解（图 3－22）中，主体落于 I 型花岗岩区，表明岩浆主体来源于地幔。

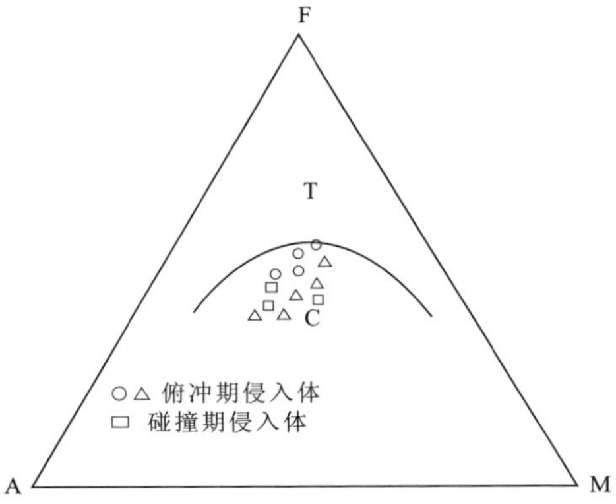

图 3－21 A－F－M 图解

T. 拉斑玄武岩；C. 钙碱型岩系

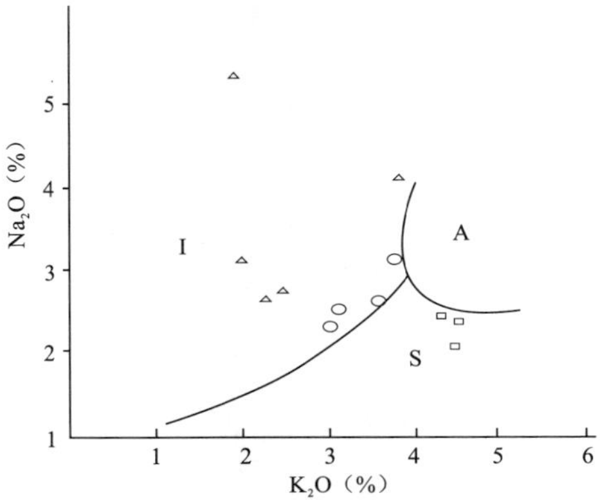

图 3－22 Na_2O-K_2O 岩石类型图解

（据 Collin，1982）

2）微量元素特征

微量元素含量见表 3－14，与维氏（1962）闪长岩值相比，具有 Li、Be、Rb、Ta 等元素含量略有偏高，而 Cr、Ni、V、Co 等元素含量略偏低，反映出较酸性的地球化学背景值，说明有相当一部分的壳源物质注入。

表 3－14 石英闪长岩-花岗闪长岩组合微量元素含量 （$\times10^{-6}$）

岩体	岩体符号	样品号	Li	Be	Sc	V	Cr	Co	Ni	Cu	Zn	Ga
红其拉甫达坂	$\gamma\delta\beta$	D3542/1	23.60	2.56	15.60	124.00	81.50	9.88	—	19.20	104.00	16.70
		D3542/2	16.20	2.51	9.95	67.90	32.10	5.88	4.47	29.30	82.30	15.00
		D3542/3	22.90	2.89	11.20	67.50	25.70	5.89	4.87	49.10	77.80	15.90
		D3540/2	28.40	4.32	9.17	71.40	39.50	5.61	—	16.90	111.00	18.30
	δo	D3539/1	113.60	8.69	4.64	19.70	29.10	2.45	—	11.20	77.70	15.10
		D3539/2	125.90	8.92	4.61	259.00	9.22	2.69	0.80	41.60	63.80	16.10
		D3539/3	91.40	8.21	4.40	25.20	13.70	4.65	11.50	18.40	83.10	16.50
		D3537/1	44.50	6.70	9.87	61.20	86.40	5.08	—	22.00	46.10	16.80
克拉克值（维氏，1962）			20.00	1.80	10.00	—	83.00	18.00	58.00	47.00	83.00	20.00

岩体	岩体符号	样品号	Rb	Sr	Y	Zr	Nb	Ba	Hf	Ta	Pb	Th
红其拉甫达坂	$\gamma\delta\beta$	D3542/1	127.00	524	18.50	41.80	18.40	784	1.06	0.91	12.70	12.10
		D3542/2	124.00	323	21.70	51.90	17.00	602	1.29	1.03	20.60	23.20
		D3542/3	51.20	560	28.80	43.30	18.10	401	1.14	0.96	13.30	20.10
		D3540/2	142.00	285	18.00	48.40	17.40	664	1.10	1.37	29.30	11.00
	δo	D3539/1	190.00	163	9.61	70.70	20.70	381	1.31	1.86	25.40	7.82
		D3539/2	191.00	166	9.86	59.80	24.70	394	1.11	2.22	34.80	8.65
		D3539/3	179.00	170	14.40	46.50	25.00	379	0.87	2.34	34.00	8.70
		D3537/1	167.00	393	16.10	62.00	24.10	956	1.11	1.59	26.00	11.50
克拉克值（维氏，1962）			150.00	340	—	170.00	20.00	650	1.00	2.50	16.00	—

用 MORB 作标准化得到曲线图(图 3－23)，各侵入体具有大致相似的微量元素组成，曲线形态总体趋于一致，为左高右低的形态，反映其形成于相似的构造环境，具有相似的物质来源，或者岩浆具有明显的继承性。其中 Th、La 等亲石元素强烈富集，曲线形态与大洋玄武岩接近，说明岩浆来源有幔源物质的加入，同时亦有大量的陆壳物质的加入，是壳幔共同作用的结果。

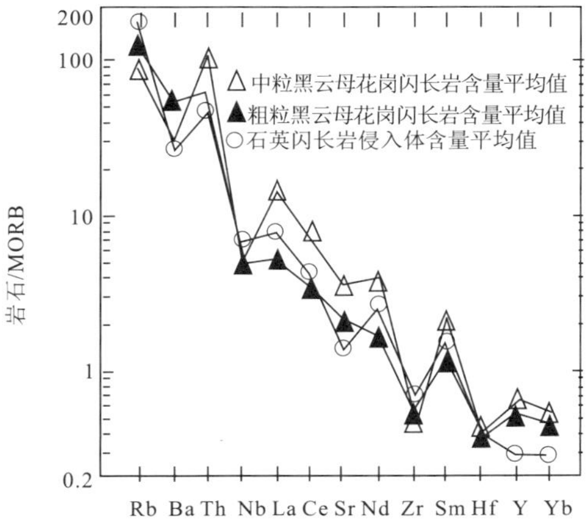

图 3－23　石英闪长岩-花岗闪长岩组合微量元素 MORB 标准化形式

3)稀土元素特征

稀土元素含量及特征参数见表 3－15。

从表中可以看出稀土总量 $\sum$REE＝94.38×10^{-6}～254.68×10^{-6}，δEu 值大部分小于 0.7，铕负异常明显，$(La/Yb)_N$ 值为 6.38～31.23，说明轻稀土强烈富集，$(La/Sm)_N$ 值为 2.01～6.59，$(Gd/Yb)_N$ 值为 1.65～14.56，说明轻稀土分馏程度较好，重稀土分馏程度中等到较好。稀土元素配分曲线模式见图 3－24，总体显示左高右低的陡倾形态特征(轻稀土富集型)，各个侵入体之间的曲线形态吻合程度较好，说明它们之间具有相同的物质来源或演化历程。

表 3－15　石英闪长岩-花岗闪长岩组合稀土元素含量表

岩体	岩体符号	样品号	稀土元素含量($\times10^{-6}$)									
			La	Ce	Pr	Nd	Sm	Eu	Gd	Tb	Dy	Ho
红其拉甫达坂	$\gamma\delta\beta$	D3542/1	33.9	67.5	7.87	28.0	5.62	1.46	5.50	0.72	3.82	0.70
		D3542/2	57.3	108.0	12.1	42.4	7.63	1.30	6.95	0.93	4.61	0.70
		D3542/3	60.5	109.0	12.6	43.3	7.95	1.24	7.49	1.0	5.01	0.90
		D3540/2	21.2	40.5	4.96	17.9	4.14	1.33	4.09	0.63	3.52	0.66
	δo	D3539/1	20.8	40.7	4.71	16.2	2.63	0.73	3.56	0.48	2.24	0.34
		D3539/2	20.9	43.0	4.83	17.2	3.61	0.83	3.72	0.53	2.35	0.35
		D3539/3	42.2	80.0	8.88	32.4	6.61	0.89	5.73	0.78	3.48	0.52
		D3537/1	38.6	73.3	7.98	27.7	5.34	1.32	5.09	0.67	3.38	0.58

岩体	岩体符号	样品号	稀土元素含量($\times10^{-6}$)				特征参数值				
			Er	Tm	Yb	Lu	$\sum$REE	δEu	δCe	$(La/Yb)_N$	$(La/Sm)_N$	$(Gd/Yb)_N$
红其拉甫达坂	$\gamma\delta\beta$	D3542/1	2.16	0.26	1.81	0.26	159.58	0.53	0.63	7.54	2.01	2.74
		D3542/2	2.50	0.32	2.00	0.29	247.03	0.60	0.59	31.23	5.47	1.65
		D3542/3	2.77	0.34	2.26	0.32	254.68	0.76	0.68	14.36	3.26	14.56
		D3540/2	1.85	0.24	1.67	0.25	102.94	0.69	0.87	16.48	2.14	3.56
	δo	D3539/1	0.97	0.11	0.80	0.11	94.38	0.95	0.69	15.63	3.17	6.21
		D3539/2	1.03	0.12	0.83	0.12	99.42	0.59	0.67	9.87	2.91	6.52
		D3539/3	1.49	0.16	1.05	0.14	184.33	0.71	0.78	6.38	6.59	3.21
		D3537/1	1.74	0.22	1.44	0.21	167.57	0.63	0.53	14.6	3.68	4.62

4. 成因

在 Na_2O-K_2O 图解(图 3-22)中,投于Ⅰ型花岗岩区。岩石化学中,SiO_2 含量值在 60.35～72.46,A/CNK 值大于 1.1,里特曼指数值(σ)在 1.93～3.40,主体小于 3.3,为过铝的钙碱性岩石系列。结合地球化学背景值,综合分析成因类型为Ⅰ型,物质来源于壳幔混合产物。

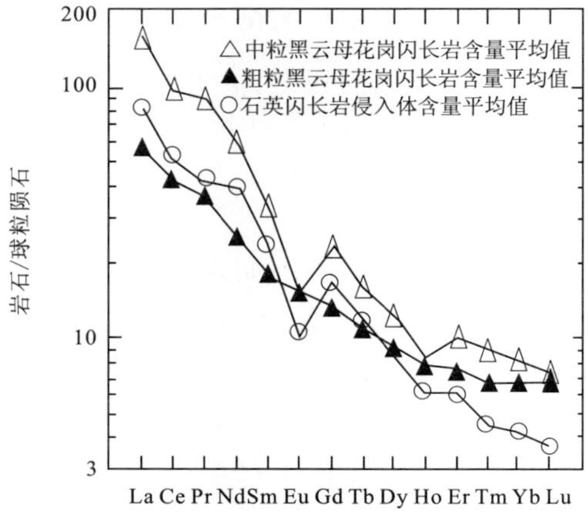

图 3-24 石英闪长岩-花岗闪长岩组合稀土元素配分模式

5. 时代

汪玉珍等(1987)曾在红其拉甫达坂中粒黑云母花岗闪长岩中作了 K-Ar 法测年,获 100Ma 的年龄值,结合区内各侵入体的地质特征及区域岩浆演化特征,将其时代置于早白垩世。

6. 构造环境分析

在 Y-Nb 图解(图 3-25)中,样品全部落于火山弧环境,并且很集中,在阳离子 R_1-R_2 图解(图 3-26)中,投入到幔源型及与板块碰撞前花岗岩的接触区。按 Babarin 构造环境分类,属含角闪石钙碱性花岗岩类(ACG),为俯冲作用的产物。按 Maniar 和 Piccoli 构造环境分类,属大陆弧花岗岩类(CAG)。结合区域构造位置及岩浆演化的特征分析认为,属俯冲型花岗岩。

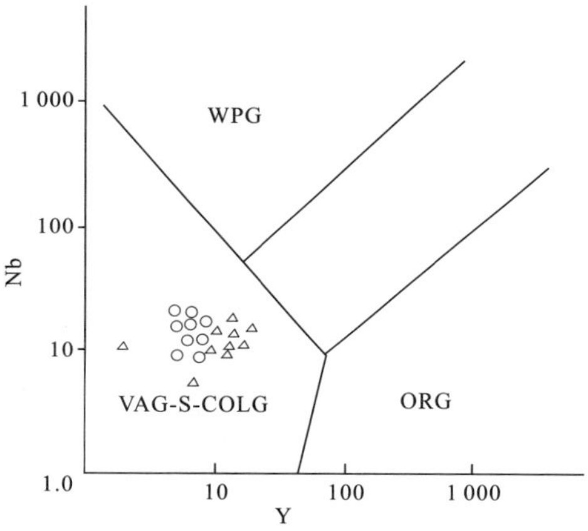

图 3-25 Y-Nb 图解

S-COLG. 同碰撞花岗岩;ORG. 洋脊花岗岩;WPG. 板内花岗岩;VAG. 火山弧花岗岩

○俯冲期石英闪长岩-花岗闪长岩组合

△俯冲期英云闪长岩-二长花岗岩组合

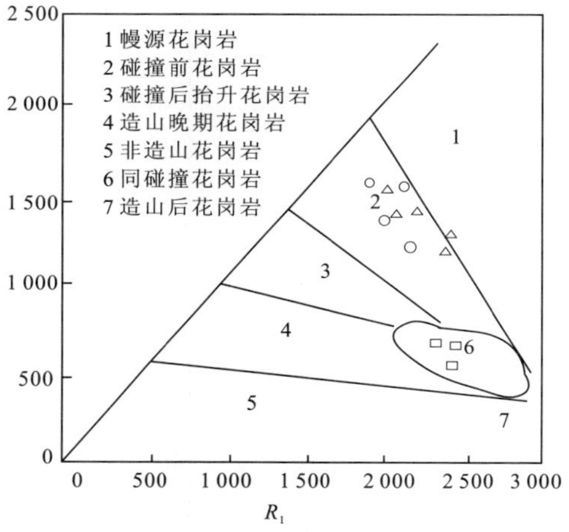

图 3-26 阳离子 R_1-R_2 图解

○俯冲期石英闪长岩-花岗闪长岩组合

△俯冲期英云闪长岩-二长花岗岩组合

□碰撞期侵入体

(二)英云闪长岩-二长花岗岩组合

1. 地质特征

英云闪长岩-二长花岗岩组合有 4 个岩体组成,由早到晚分别为乔戈里峰岩体、塔吐鲁沟岩体、乌如克岩体和克打石沟岩体，其中乌如克岩体为复式岩体，由细粒英云闪长岩侵入体和中细粒英云闪长岩侵入体组成。

1)乔戈里峰岩体

分布于图区东南角克勒青河以南，平面上呈长条状，长轴方向与区域构造线方向完全一致，图区内面积约 300km^2，岩性为细粒英云闪长岩。该岩体向东延伸至麻扎幅内乔戈里峰一带。该岩体北侧与二叠系加温达坂岩群灰岩组呈侵入接触和断层接触，南侧主体侵入于二叠系加温达坂岩群板岩组。侵入界面缓倾—陡倾，围岩蚀变明显，主要由黄铁矿化和绢云母化。岩体边部细粒边明显，宽 10～30cm。

2)塔吐鲁沟岩体

分布于图区中部塔吐鲁沟一带，平面上呈不规则的长条状，长轴方向与区域构造线方向一致，长约 48km，宽 3～8km，面积约 380km^2，岩性为细粒英云闪长岩。该岩体向西已出国境线，北侧侵入于二叠系神仙湾岩群上岩组的粉砂质板岩、变长石石英闪岩和温泉沟岩群下组，南侧分别与侏罗系龙山组砂岩段和二叠系加温达坂岩群灰岩组呈侵入接触和断层接触。岩体边部有大量的围岩捕虏体，捕虏体岩石主要为长城系温泉沟岩群的变粒岩和片岩，捕虏体呈棱角状，大小不等，直径 5～100cm 不等，在岩体中杂乱排列，越靠近岩体边部越发育，在捕虏体边部，岩体具有明显的细粒边。

3)乌如克岩体

出露于图区北侧叶尔羌河以西乌如克一带，由两个侵入体组成，即细粒英云闪长岩侵入体和中粒英云闪长岩侵入体。

细粒英云闪长岩侵入体平面上呈长条状近北北西—南南东向展布，长约 37km，宽 2～5km，面积约 170km^2，东北侧与元古宇塔什库尔干岩群上岩组的片岩和大理岩呈侵入接触，西南侧侵入于温泉沟岩群下组中，侵入界面大部分向外陡倾，倾角为 65°～75°，围岩蚀变明显，主要有褐铁矿化、绢云母化和高岭土化。

中粒英云闪长岩侵入体出露于图区北侧塔勒德库勒一带。平面上岩体呈长条状，面积约 7km^2，向北已出图区。南界与温泉沟岩群下组呈侵入接触，北侧被晚期二长花岗岩侵入，侵入界面清楚。

4)克打石沟岩体

出露于图幅东侧叶尔羌河以南克打石沟一带。平面上呈不规则长椭圆状，长轴方向与区域构造线方向一致，面积约 300km^2。该侵入体北侧主体侵入于志留系温泉沟岩群一岩段粉砂质板岩、长石石英砂岩，侵入界面内倾、外倾都有，呈“S”形，倾角较陡，大都在 70°～75°；南侧与温泉沟岩群下组呈侵入接触，侵入界面近于直立。侵入体内部含有大量的暗色包裹体，包裹体形态为浑圆状、长条状和不规则状，大小不等，直径 5～30cm 都有，与围岩之间界限清楚，具有明显的细粒边，暗色包裹体内部岩浆结构明显，其成分主要为闪长岩、辉长岩及角闪闪长岩等。

5)阿格勒达坂岩体

出露于图区东侧阿格勒达坂一带，平面上呈规则的长条状近东西向分布，向东已出图区，图区内面积约 50km^2。北侧与温泉沟岩群下组呈侵入接触，南侧与二叠系神仙湾岩群上岩组粉砂质板岩、长石石英砂岩呈侵入接触。岩体与围岩之间的关系清楚，大部分向外陡倾，围岩蚀变不明显，岩体边部细粒边明显。

2. 岩石学特征

岩石学特征见表 3-16。

表 3-16　英云闪长岩-二长花岗岩组合岩石学特征

岩体	岩石名称	颜色	结构	构造	粒度(mm)	主要矿物成分及特征	副矿物特征	蚀变特征
阿格勒达坂	中粒黑云二长花岗岩	灰色	中粒粒状结构	块状构造	2～4	斜长石(30%～40%),半自形柱状,稍浑浊,但钠长石律双晶清楚,An=18－20;钾长石(10%),呈半自形柱状、板状,具钠长条纹结构,条纹呈细脉状,为条纹长石;石英(30%～35%),呈它形粒状,洁净;黑云母(5%～7%),呈自形片状,多色性 Ng 棕色、Np 浅褐黄色	磷灰石 锆石	绿帘石化
克打石沟	细粒黑云母花岗闪长岩	深灰色	细粒半自形粒状结构	块状构造	0.5～1	斜长石(45%～48%),呈半自形—自形柱状,晶体普遍浑浊,发育有钠长石律双晶;钾长石(25%～30%),它形—半自形粒状,较干净,具有条纹结构,条纹十分细小而密集,系析离成因,为条纹长石;石英(20%),它形粒状,洁净;黑云母(5%～6%),呈半自行—它形片状,晶体结晶程度较差	榍石 锆石 磷灰石	绢云母化 黝帘石化 绿帘石化 绿泥石化
塔吐鲁沟	细粒英云闪长岩	深灰色	细粒英云闪长岩	块状构造	1.5～2	斜长石(60%～65%),呈半自形柱状,较洁净,聚片双晶不发育,个别晶体钠长石律双晶较清楚 An=26—28;石英(20%～25%),呈它形粒状;钾长石(3%～5%),半自形柱状;黑云母(5%～8%),呈半自形片状,多色性明显,Ng 褐红色、Np 浅褐黄色	锆石 磷灰石 磁铁矿	绿泥石化
乔戈里峰	中细粒英云闪长岩	灰色	中细粒半自形粒状结构	块状构造	1～4	斜长石(52%～55%),呈半自形柱状,钠长石律双晶和卡钠复合律双晶发育,双晶结合面平直清晰,An=26—28;石英(25%),它形粒状;黑云母(15%～18%),自形—半自形片状,多色性 Ng 为棕色、Np 浅褐色;钾长石(3%),呈它形粒状,具有格子双晶,系微斜长石	褐帘石 锆石 榍石	绿泥石化
乌如克	中细粒英云闪长岩	灰色	中细粒半自形粒状结构	块状构造	0.6～2.5	斜长石(46%～48%),呈半自形柱状,较洁净,双晶不发育,也不清楚,晶体个别晶体隐纹出现钠长石律双晶;石英(20%～25%),呈它形填隙粒状,分布不均匀;黑云母(12%),半自形—自形片状,多色性 Ng 褐色、Np 浅褐黄色;角闪石(15%～18%),自形粒状,多色性 Ng 绿色、Np 浅绿黄色	榍石 磁铁矿 锆石 磷灰石	绿泥石化 绢云母化
	细粒英云闪长岩	灰色	细粒半自形粒状结构	块状构造	0.6～1.5	斜长石(64%～69%),半自形柱状,浑浊,双晶不清,个别晶体隐纹显示聚片双晶和环带构造;石英(20%～25%),它形粒状;钾长石(3%～5%),半自形柱状,晶体浑浊,双晶不清;黑云母(5%～6%),半自形片状,呈棕色	榍石 褐帘石 磷灰石 锆石	绢云母化

3. 副矿物特征

副矿物组合为锆石、榍石、磁铁矿和磷灰石,属常见的岩浆型花岗岩副矿物组合。锆石特征见表 3-17,锆石颗粒长宽比绝大部分大于 2,反映其物源较深。

4. 岩石化学及地球化学特征

1)岩石化学特征

英云闪长岩-二长花岗岩组合岩石化学成分含量及特征参数见表 3-13,其中 SiO_2 含量为 60.35%～71.75%,总体含量略低于世界花岗岩的含量(71.3%)。K_2O 与 Na_2O 的含量也略低于世界花岗岩 K_2O 和 Na_2O 的含量,而 Fe_2O_3 和 MgO 的含量明显高于世界花岗岩中的 Fe_2O_3 和 MgO 的含量值。

岩石化学计算表明，A/CNK 值为 1.32～1.83，整体小于 1.1，σ 值为 1.93～3.29，整体小于 3.3，属于次铝的钙碱性岩石系列。在 A－F－M 图解（图 3－21）中，主体落于钙碱性岩石系列区，在 Na_2O-K_2O 图解中（图 3－22）中，样品全部落于 I 型花岗岩区，表明岩浆来源于地壳深部部分熔融且有地幔物质加入。

表 3－17　英云闪长岩-二长花岗岩组合锆石特征

岩体	岩石名称	粒经（mm）	长：宽	颜色	光泽	透明度	发光性	晶形晶面特征	包裹体	主要晶形
克打石沟	细粒黑云母花岗闪长岩	0.04～0.16	2：1 3：1	浅玫瑰色	弱金刚光泽	不透明	亮黄色光	呈柱状聚形晶，浑圆度为棱角状，表面粗糙，少量表面较光滑	包裹体普遍，其主要成分为细小的锆石，其次有黑云母和金红石等	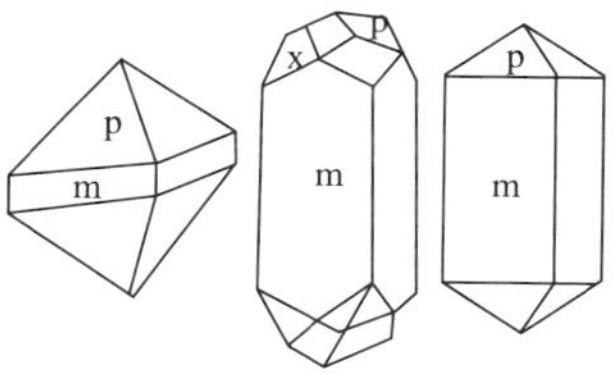
乌如克	细粒英云闪长岩	0.04～0.12	2：1 4：1	淡粉黄色	弱金刚光泽	半透明—透明	暗黄色	晶形完整的不多，晶棱呈次棱角状，晶体表面较光滑，表面蚀象极细	包裹体普遍，主要为极细黑色星点状或红色铁质包裹体，亦有黑云母包裹体	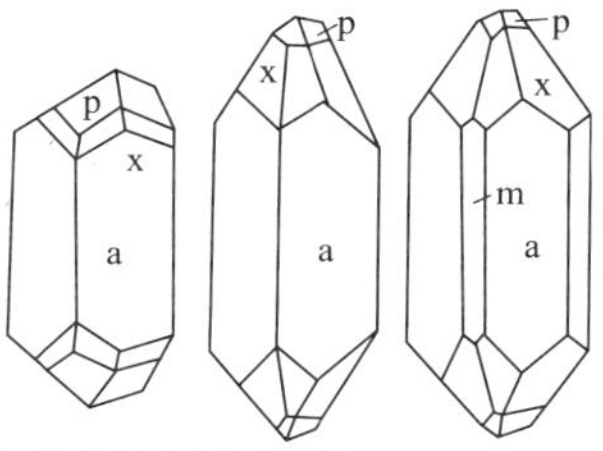

2）微量元素特征

微量元素含量见表 3－18。从表中可以看出英云闪长岩-二长花岗岩组合的微量元素具有 Li、Co、Rb、Nb 元素相对贫化，Cr、Be 等元素相对富集，表现为壳源元素相对亏损，幔源元素相对富集的特征。

表 3－18　英云闪长岩-二长花岗岩组合微量元素含量表　（$\times10^{-6}$）

岩体	岩体符号	样品号	Li	Be	Sc	V	Cr	Co	Ni	Cu	Zn	Ga
克打石沟	$\gamma\delta\beta$	D553/2	5.96	2.29	11.40	52.70	21.70	5.24	—	14.80	73.30	19.20
		D553/3	12.60	1.92	15.30	73.30	10.60	7.65	—	66.80	189.00	20.10
		D553/4	10.20	1.47	15.50	67.00	5.42	8.79	—	91.80	259.00	18.70
塔吐鲁沟	$\gamma\delta o$	D549/1	24.80	7.16	5.34	31.40	87.80	4.42	—	9.24	41.20	16.30
		D549/2	24.60	5.04	5.33	19.10	3.75	3.89	0.84	64.00	32.40	15.70
		D549/3	19.60	3.17	3.17	5.50	2.22	0.96	0.44	39.10	18.70	19.00
		D571/1	12.90	3.00	11.20	85.20	85.20	7.62	—	22.60	48.70	17.10
乌如克	$\gamma\delta o$	D3084/1	36.30	1.07	20.80	131.00	101.00	17.10	18.80	3.41	95.70	17.00
		D3084/2	36.70	1.50	22.20	127.00	110.00	17.90	25.70	152.00	114.00	17.70
		D3084/3	40.10	1.64	21.70	135.00	109.00	17.60	23.30	123.00	131.00	19.00
		D3078/2	40.80	2.07	2.36	36.10	18.40	1.39	—	135.00	51.60	17.20
		D3078/3	34.90	3.97	2.70	37.10	25.60	1.70	1.07	16.30	25.60	19.90
		D3078/4	38.00	6.87	2.31	34.20	5.53	0.86	—	161.00	32.70	20.50
克拉克值（维氏，1962）			20.00	1.80	10.00	—	83.00	18.00	58.00	47.00	83.00	20.00

续表 3-18　　　　　　　　　　　　　　　　　　　　　　　　　　（$\times10^{-6}$）

岩体	岩体符号	样品号	Rb	Sr	Y	Zr	Nb	Ba	Hf	Ta	Pb	Th
克打石沟	$\gamma\delta\beta$	D553/2	50.40	214	37.70	81.60	12.00	793	1.48	0.70	6.59	11.00
		D553/3	63.10	205	43.70	51.10	17.10	459	1.13	0.98	10.70	9.60
		D553/4	65.10	172	40.60	27.60	17.90	4	0.65	1.04	11.50	12.10
塔吐鲁沟	$\gamma\delta o$	D549/1	68.10	345	9.75	6.37	18.50	146	0.13	1.09	23.10	8.97
		D549/2	72.30	369	12.40	8.81	18.20	118	0.16	1.15	33.20	11.40
		D549/3	173.00	118	10.10	5.43	14.60	220	0.16	0.61	66.10	12.10
		D571/1	120.00	249	24.60	33.30	33.00	883	0.61	1.07	6.29	13.10
乌如克	$\gamma\delta o$	D3084/1	66.70	282	21.20	6.57	13.10	528	0.37	0.78	13.00	8.25
		D3084/2	71.00	293	23.40	9.84	14.50	803	0.43	0.86	0.47	11.60
		D3084/3	76.90	307	27.20	12.50	13.40	614	0.44	0.76	18.30	9.94
		D3078/2	68.80	542	9.76	19.10	5.78	990	0.38	0.28	16.60	6.54
		D3078/3	132.00	421	3.12	5.28	10.00	1 137	0.17	0.28	25.60	15.50
		D3078/4	186.00	563	11.60	14.40	25.50	2 763	0.24	0.99	53.30	41.40
克拉克值（维氏，1962）			150.00	340	—	170.00	20.00	650	1.00	2.50	16.00	—

用 MORB 作标准化得到曲线图（图 3-27），各岩体和各侵入体具有大致相似的微量元素组成，曲线形态总体趋于一致，为左高右低的形态，反映其形成于相似的构造环境，具有相似的物质来源，或者岩浆具有明显的继承性。

3）稀土元素特征

稀土元素含量及特征参数见表 3-19。

从表中可以看出稀土总量 $\sum REE = 73.66\times10^{-6}\sim290.04\times10^{-6}$，$\delta Eu$ 值大部分小于 0.71，铕负异常明显，$(La/Yb)_N$ 值为 6.32～34.36，说明轻稀土强烈富集，$(La/Sm)_N$ 值为 2.41～9.12，$(Gd/Yb)_N$ 值为 1.23～8.56，说明轻稀土分馏程度较好，重稀土分馏程度中等到较好。稀土元素配分曲线模式见图 3-28，总体显示左高右低的陡倾形态特征（轻稀土富集型），各个侵入体之间的曲线形态吻合程度较好，说明它们之间具有相同的物质来源或演化历程。

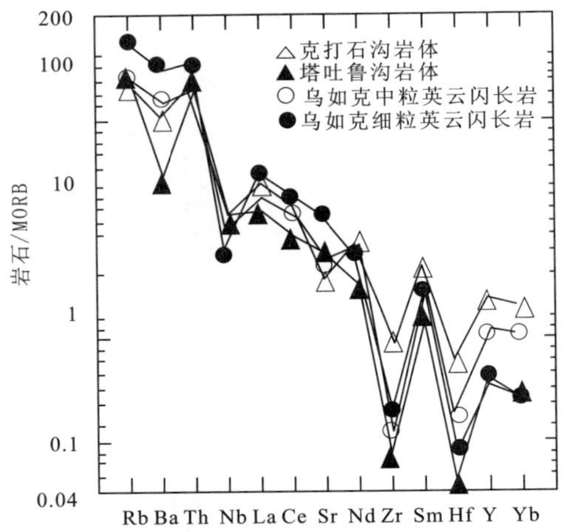

图 3-27　石英闪长岩-二长花岗岩组合微量元素 MORB 标准化形式

5. 成因

在 Na_2O-K_2O 图解（图 3-22）中，投于 I 型花岗岩区。岩石化学中，SiO_2 含量值为 60.35%～71.75%，A/CNK 值大于 1.1，里特曼指数值在 1.93～3.40，主体小于 3.3，为过铝的钙碱性岩石系列。结合地球化学背景值，综合分析成因类型为 I 型，物质来源壳幔相互作用及下地壳物质的相互熔融。

6. 时代

汪玉珍等（1987）曾在塔吐鲁沟细粒英云闪长岩中作了 K-Ar 法测年，获 78Ma 的年龄值，结合区内各侵入体的地质特征及区域岩浆演化特征，将其时代置于早白垩世。

表 3-19　英云闪长岩-二长花岗岩组合稀土元素含量表

岩体	岩体符号	样品号	稀土元素含量($\times10^{-6}$)									
			La	Ce	Pr	Nd	Sm	Eu	Gd	Tb	Dy	Ho
克打石沟	$\gamma\delta\beta$	D553/2	37.6	78.5	8.77	33.1	7.04	1.27	7.52	1.20	6.88	1.38
		D553/3	44.7	87.7	11.2	44.7	9.83	1.55	8.74	1.42	8.28	1.66
		D553/4	32.7	73.5	8.73	36.4	8.07	1.36	7.69	1.29	7.74	1.60
塔吐鲁沟	$\gamma\delta o$	D549/1	23.8	44.9	4.85	16.3	3.24	0.86	3.25	0.42	2.13	0.36
		D549/2	33.7	73.3	7.73	28.0	5.39	1.02	4.42	0.59	2.80	0.47
		D549/3	15.0	32.1	3.41	12.2	2.87	0.40	2.52	0.39	2.08	0.40
		D571/1	61.5	108	13.2	44.6	8.21	1.65	8.34	1.01	5.11	0.91
乌如克	$\gamma\delta o$	D3084/1	22.6	48.8	6.09	22.1	4.87	1.36	5.02	0.74	4.39	0.84
		D3084/2	31.4	67.9	7.60	28.1	5.46	1.57	5.44	0.79	4.55	0.87
		D3084/3	48.1	98.6	11.1	41.8	8.42	1.50	7.68	1.07	5.57	1.01
		D3078/2	36.1	67.2	7.14	24.7	5.07	1.10	5.00	0.57	2.37	0.36
		D3078/3	47.2	86.6	9.13	28.5	3.80	1.40	3.84	0.31	0.96	0.12
		D3078/4	81.2	130	13.1	39.6	5.74	2.60	8.15	0.77	2.68	0.40

岩体	岩体符号	样品号	稀土元素含量($\times10^{-6}$)					特征参数值				
			Er	Tm	Yb	Lu	ΣREE	δEu	δCe	$(La/Yb)_N$	$(La/Sm)_N$	$(Gd/Yb)_N$
克打石沟	$\gamma\delta\beta$	D553/2	4.00	0.53	3.46	0.49	191.74	0.55	0.66	7.52	2.41	2.72
		D553/3	4.70	0.62	3.79	0.54	229.43	0.64	0.59	11.23	5.43	1.64
		D553/4	4.52	0.63	3.79	0.56	188.58	0.71	0.61	34.36	3.23	14.57
塔吐鲁沟	$\gamma\delta o$	D549/1	1.01	0.11	0.68	0.09	102.00	0.63	0.84	16.44	8.14	8.56
		D549/2	1.27	0.15	0.82	0.12	159.78	0.94	0.69	15.64	3.17	6.25
		D549/3	1.10	0.16	0.90	0.13	73.66	0.51	0.68	9.87	2.94	6.52
		D571/1	2.84	0.35	2.29	0.32	258.33	0.71	0.73	6.32	5.59	8.21
乌如克	$\gamma\delta o$	D3084/1	2.70	0.36	2.43	0.36	122.66	0.64	0.51	14.40	3.66	4.63
		D3084/2	2.74	0.37	2.43	0.36	159.58	0.65	0.98	13.60	3.56	3.65
		D3084/3	3.18	0.40	2.70	0.39	231.52	0.81	0.64	15.60	5.32	4.32
		D3078/2	1.18	0.11	0.75	0.10	151.75	0.71	0.62	16.70	7.53	7.62
		D3078/3	1.11	0.11	0.63	0.04	183.75	0.65	0.54	26.20	9.12	1.23
		D3078/4	2.84	0.35	2.29	0.32	290.04	0.54	0.86	31.00	5.32	2.36

7. 构造环境分析

在阳离子 R_1-R_2 图解(图 3-26)中,投入到幔源型及与板块碰撞前花岗岩的接触区。按 Babarin 构造环境分类,属含角闪石钙碱性花岗岩类(ACG),为俯冲作用的产物。按 Maniar 和 Piccoli 构造环境分类,属大陆弧花岗岩类(CAG)。结合野外地质特征(暗色包裹体)及区域构造位置和岩浆演化特征综合分析认为,属俯冲型花岗岩。

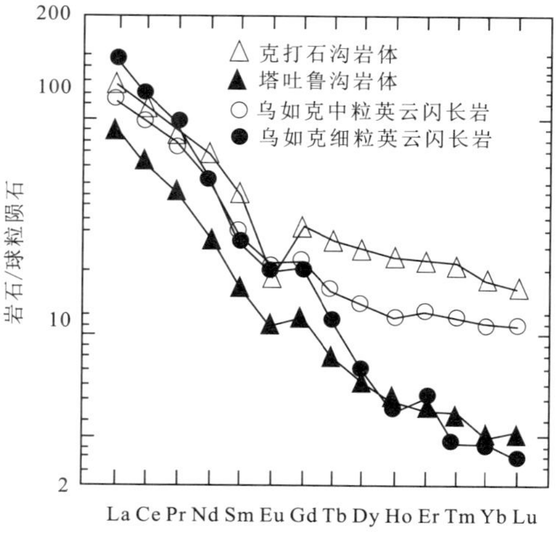

图 3-28　石英闪长岩-二长花岗岩组合稀土元素配分模式

二、碰撞期侵入体

碰撞期侵入体主要位于该岩浆岩带的北部,在测区内广泛分布,出露面积约 310km²,单个侵入体呈长条状和不规则状，大部分长轴方向与区域构造线方向一致。

(一)地质特征

1. 肖尔布拉克岩体

分布于图区东南部克勒青河南侧肖尔布拉克一带，平面上呈椭圆状，长轴方向与区域构造线方向一致，面积为 30km²，岩性为中粒斑状黑云二长花岗岩。岩体北侧与二叠系加温达坂岩群灰岩组呈侵入接触，南侧与二叠系加温达坂岩群板岩组呈侵入接触，侵入界面普遍向外陡倾，东侧侵入于早期乔戈里峰英云闪长岩之中，侵入界面清楚，晚期侵入体边部的细粒边明显，并可见到早期侵入体的捕虏体。

2. 铁干里克岩体

出露于图区西侧铁干里克一带，岩体部分被塔格敦巴什河及其两侧的第四系覆盖。平面上呈不规则的长条状，长轴方向与区域构造线方向完全一致，面积约为 60km²，岩性为中粒斑状黑云二长花岗岩。该岩体主体侵入于二叠系神仙湾岩群上岩组粉砂质板岩及长石石英砂岩之中。侵入接触界线清楚，界面普遍向外陡倾，围岩具有烘烤边，围岩蚀变主要为绿泥石化，次为碳酸盐岩化。

3. 于里克达坂岩体

出露于图区北部叶尔羌河以西于里克达坂岩体一带，平面上呈长条状，测区内面积约 220km²。岩体东侧与元古宇塔什库尔干岩群上岩组呈侵入接触关系，西侧分别于温泉沟岩群下组和二叠系神仙湾岩群上岩组呈侵入接触关系，岩体与各地层之间侵入关系清楚，有内倾亦有外倾，整体呈“S”形，但倾角普遍较陡。围岩蚀变明显，普遍具有 0.5～2m 宽的蚀变带，可见到明显的褐铁矿化、绢云母化等，岩体的外细粒边清楚，宽为 10～80cm。在岩体的边部可见到大量的地层捕虏体，其大小不等，排列无规律可循。

(二)岩石学特征

岩石学特征见表 3-20。

副矿物特征：副矿物组合为锆石、榍石、磁铁矿、磷灰石和白云母，属常见岩浆型副矿物组合，蚀变主要表现为绿泥石化、绢云母化和高岭土化。

表 3-20　燕山碰撞期侵入体岩石学特征

岩体	岩石名称	颜色	结构	构造	粒径(mm)	主要矿物成分及特征	副矿物特征	蚀变特征
肖尔布拉克	中粒斑状黑云二长花岗岩	深灰色	似斑状结构	块状构造	基质 2～5 似斑晶 8～20	似斑晶：钾长石(10%～15%)，半自形板状，晶体干净，具钠长石条纹结构，系条纹长石。基质：斜长石(30%)，较洁净，钠长石律双晶发育，可见卡钠复合双晶，An=24－26；钾长石(20%)，具有钠长石净边；石英(25%～30%)，它形粒状；黑云母(4%)，自形片状；角闪石(3%)，自形针柱状	榍石 锆石 磁铁矿 磷灰石	绿泥石化 高岭土化
于里克达坂	中粒黑云二长花岗岩	灰色	中粒半自形粒状结构	块状构造	2～3	斜长石(40%)，呈半自形柱状，较洁净，具有卡钠复合双晶，An=18－20；钾长石(24%～25%)，呈它形粒状，较洁净，稍显条纹结构；石英(28%～30%)，它形粒状；黑云母(5%～6%)，呈半自形片状，多色性 Ng 棕色、Np 浅褐黄色	锆石 磁铁矿 磷灰石	绢云母化
铁干里克	中粒斑状黑云二长花岗岩	深灰色	似斑状结构	块状构造	基质 2～4 似斑晶 7～10	似斑晶：钾长石(7%)，半自形板状，晶体干净，具显微条纹结构，系条纹长石。基质：斜长石(30%)，较洁净，钠长石律双晶发育，可见卡钠复合双晶；钾长石(20%～23%)，具有钠长石净边，呈板柱状；石英(30%)，它形粒状；黑云母(3%)，自形片状；角闪石(4%)，自形针柱状	锆石 磁铁矿 白云母	绿泥石化 绢云母化

（三）岩石化学及地球化学特征

1. 岩石化学特征

岩石化学成分含量及特征参数见表 3-13。SiO_2 含量为 72.46，属于酸性岩范畴。与世界花岗岩值相比除 MgO 含量偏低、K_2O 含量偏高外，其他成分含量基本相当。

岩石化学计算中 A/CNK 值为 1.50，明显大于 1.1，为过铝的 S 型花岗岩，σ 值为 2.59，小于 3.3，$K_2O>Na_2O$ 为富钾过铝的钙碱性岩石系列，且显示 S 型花岗岩的特征。SI 值为 4.91，DI 值为 88.38，显示岩浆分异程度较高。

2. 微量元素特征

微量元素含量见表 3-21，总体显示 Li、Nb、Be 元素相对富集，而 Cr、Ni、Co、V 元素相对亏损，即表现为幔源元素相对亏损，壳源元素相对富集的特征。

表 3-21　燕山碰撞期侵入体微量元素含量表　（$\times10^{-6}$）

岩体	岩体符号	样品号	Li	Be	Sc	V	Cr	Co	Ni	Cu	Zn	Ga
于里克达坂	$\eta\gamma\beta$	D3083/1	53.10	3.77	2.84	33.00	84.20	1.81	0.32	14.50	44.10	20.40
		D3083/2	43.20	9.49	1.72	21.80	12.30	0.81	3.09	149.00	43.30	22.40
		D3083/3	47.00	3.64	2.51	31.00	5.68	1.26	2.41	514.00	75.70	19.50
铁干里克	$\eta\gamma\beta$	D1595/1	74.00	15.60	6.71	37.70	135.00	3.48	3.47	23.20	64.30	20.70
		D1595/2	75.70	6.32	6.09	51.20	9.51	2.64	—	197.00	70.90	17.90
		D1595/3	65.00	4.10	7.04	41.70	10.30	2.77	—	138.00	59.40	18.50
肖尔布拉克	$\eta\gamma\beta$	D2063/1	32.80	3.99	4.20	49.60	99.00	5.23	9.05	19.50	66.80	16.90
		D2063/2	32.80	4.33	4.41	43.60	21.80	5.06	4.71	43.40	63.60	18.90
		D2063/3	29.40	4.30	3.82	52.90	20.20	3.98	3.94	32.90	48.20	18.40
克拉克值(维氏,1962)			20.00	1.80	10.00	—	83.00	18.00	58.00	47.00	83.00	20.00

岩体	岩体符号	样品号	Rb	Sr	Y	Zr	Nb	Ba	Hf	Ta	Pb	Th
于里克达坂	$\eta\gamma\beta$	D3083/1	186	711	8.22	5.42	18.60	1 890	0.12	0.70	72.00	57.80
		D3083/2	197	835	7.73	15.80	14.30	1 739	0.33	0.83	63.10	35.10
		D3083/3	170	691	9.84	14.40	18.70	1 739	0.26	0.70	78.30	53.20
铁干里克	$\eta\gamma\beta$	D1595/1	160	214	16.00	38.40	23.80	591	1.23	6.00	28.80	10.90
		D1595/2	132	214	15.70	36.60	17.30	546	0.78	1.54	29.10	10.60
		D1595/3	193	238	16.60	27.50	16.40	990	0.64	1.14	33.00	10.70
肖尔布拉克	$\eta\gamma\beta$	D2063/1	113	418	8.73	39.80	27.80	650	0.87	1.40	22.70	27.30
		D2063/2	130	510	10.70	22.30	31.80	777	0.62	1.55	33.40	25.00
		D2063/3	115	485	10.50	19.80	31.20	699	0.55	1.47	29.50	23.00
克拉克值(维氏,1962)			150	340	—	170.00	20.00	650	1.00	2.50	16.00	—

用 MORB 作标准化得到曲线图（图 3-29），各岩体具有大致相似的微量元素组成，曲线形态总体趋于一致，为左高右低的形态，反映其形成于相似的构造环境，具有相似的物质来源，或者岩浆具有明显的继承性。

3. 稀土元素特征

稀土元素含量及特征参数见表 3－22。从表中可以看出稀土总量∑REE＝125.52$\times10^{-6}$～335.77$\times10^{-6}$，δEu值大部分小于0.7，铕负异常明显，$(La/Yb)_N$值为5.31～32.42，说明轻稀土强烈富集，$(La/Sm)_N$值为2.02～5.59，$(Gd/Yb)_N$值为1.64～12.47，说明轻稀土分馏程度较好，重稀土分馏程度中等到较好。稀土元素配分曲线模式见(图3－30)，总体显示左高右低的陡倾形态特征(轻稀土富集型)，各个侵入体之间的曲线形态吻合程度较好，说明它们之间具有相同的物质来源或演化历程。

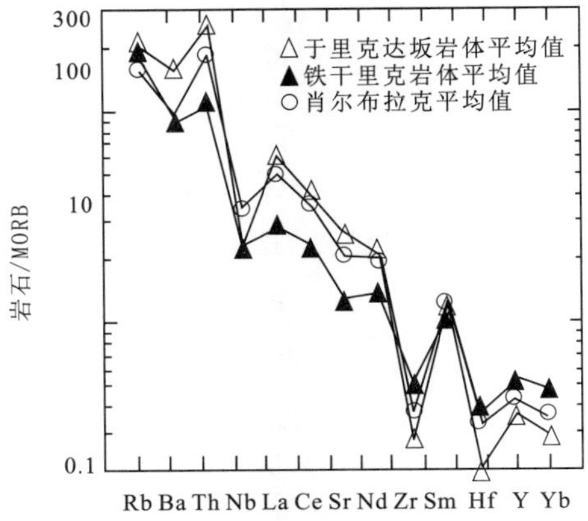

图 3－29　碰撞期侵入体微量元素 MORB 标准化形式

表 3－22　燕山碰撞期侵入体稀土元素含量及参数值

岩体	岩体符号	样品号	稀土元素含量($\times10^{-6}$)									
			La	Ce	Pr	Nd	Sm	Eu	Gd	Tb	Dy	Ho
于里克达坂	ηγβ	D3083/1	96.0	157.0	15.40	47.3	5.87	1.78	7.30	0.63	2.23	0.32
		D3083/2	61.9	111.0	10.40	32.6	5.16	1.17	5.07	0.52	2.00	0.28
		D3083/3	91.6	144.0	14.60	45.8	6.63	1.65	6.65	0.65	2.50	0.35
铁干里克	ηγβ	D1595/1	26.4	55.8	6.27	22.4	4.86	1.11	4.68	0.69	3.53	0.60
		D1595/2	26.3	53.6	6.09	21.4	4.61	1.09	4.40	0.66	3.33	0.56
		D1595/3	43.3	88.8	9.69	34.9	7.26	1.49	6.48	0.84	3.85	0.61
肖尔布拉克	ηγβ	D2063/1	51.3	96.6	9.85	33.0	4.75	1.29	5.25	0.54	2.10	0.33
		D2063/2	65.7	119.0	12.10	39.7	6.15	1.42	6.77	0.65	2.56	0.39
		D2063/3	67.0	113.0	12.20	39.5	6.06	1.43	4.46	0.68	2.52	0.38

岩体	岩体符号	样品号	稀土元素含量($\times10^{-6}$)					特征参数值				
			Er	Tm	Yb	Lu	∑REE	δEu	δCe	$(La/Yb)_N$	$(La/Sm)_N$	$(Gd/Yb)_N$
于里克达坂	ηγβ	D3083/1	1.11	0.11	0.63	0.09	335.77	0.52	0.63	7.53	2.02	2.76
		D3083/2	0.94	0.09	0.54	0.08	231.75	0.60	0.51	32.42	5.46	1.64
		D3083/3	1.19	0.11	0.68	0.10	316.51	0.76	0.64	14.33	3.25	12.47
铁干里克	ηγβ	D1595/1	1.74	0.22	1.41	0.21	129.92	0.69	0.67	16.44	2.13	3.55
		D1595/2	1.70	0.20	1.39	0.19	125.52	0.95	0.66	15.61	6.17	6.21
		D1595/3	1.86	0.20	1.31	0.18	200.77	0.59	0.77	9.84	2.94	6.54
肖尔布拉克	ηγβ	D2063/1	1.12	0.12	0.82	0.12	207.19	0.71	0.71	7.38	5.59	6.21
		D2063/2	1.37	0.12	0.91	0.07	256.91	0.63	0.59	14.90	3.66	4.61
		D2063/3	1.36	0.13	0.89	0.13	249.74	0.57	0.63	5.31	3.53	3.21

(四)成因

Si_2O 含量值为69.23%～72.46%，K_2O 含量值为1.85%～4.67%，Na_2O 含量值为1.60～

5.33。σ值为2.40～2.59，A/CNK值为1.37～1.77，为富钾贫钠的次铝钙碱性岩石系列。微量元素显示基性元素(幔源元素)相对亏损，酸性元素(壳源元素)相对富集的特征，在稀土元素中表现为铕亏损明显，轻稀土分馏程度显著，为轻稀土富集型，分析认为属S型成因类型，岩浆主要来源于地壳物质的部分熔融。

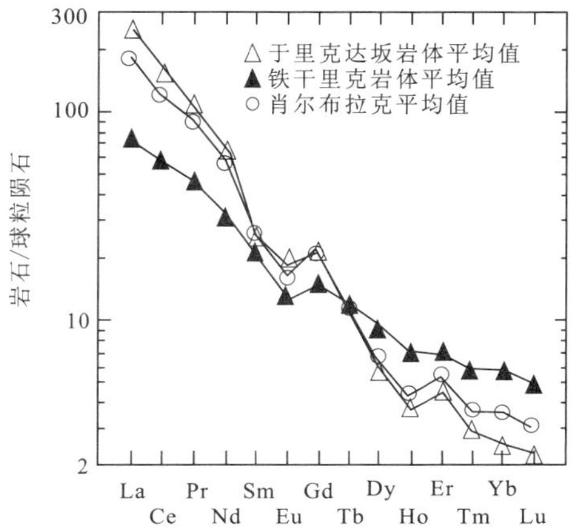

图3-30　碰撞期侵入体稀土元素配分模式图

(五)时代

肖尔布拉克岩体与早白垩世乔戈里峰岩体呈超动时侵入接触，说明其形成时代晚于早白垩世，结合本区该时期岩浆演化特征，将其时代置于晚白垩世。

(六)构造环境分析

在阳离子R_1-R_2图解(图3-26)中，投入到同碰撞花岗岩区。按Babarin构造环境分类，属富含黑云母过铝花岗岩类(CPG)，为碰撞作用的产物。按Maniar和Piccoli构造环境分类，属大陆碰撞花岗岩类(CCG)。结合区域构造演化及岩浆演化规律，分析认为属碰撞构造环境。

三、燕山期构造岩浆演化

测区内燕山期侵入体时代主要为白垩纪，其中早白垩世岩浆活动以中酸性岩浆活动为特征，主要分布于测区南部的喀喇昆仑印支期褶皱带和南羌塘陆块之中，岩浆活动以中酸性岩浆活动为特征，主要由乔戈里峰英云闪长岩，阿格勒达坂石英闪长岩、英云闪长岩和二长花岗岩，乌如克英云闪长岩和塔吐鲁沟英云闪长岩。岩体分布于测区南部，区域上处于雅鲁藏布江结合带的北侧，岩体大都呈长条状，长轴方向与构造线方向一致。岩石化学及地球化学特征显示该期侵入岩属钙碱性岩石系列，具有I型花岗岩特征。该构造岩浆岩带的厘定对于揭示雅鲁藏布江洋的演化具有以下两个方面的意义：首先，该带岩浆活动时间主要集中在100～74Ma，表明晚白垩世是雅鲁藏布江洋壳消减的重要阶段；其次，测区内该岩浆岩带位于雅鲁藏布江洋的北侧，指示在西部，该洋壳的俯冲是向北的。

晚白垩世测区岩浆活动以酸性岩浆侵入活动为特征，主要有于里克达坂中粒黑云二长花岗岩，铁干里克和肖尔布拉克中粒斑状黑云二长花岗岩。岩石化学及地球化学资料表明该期侵入体为准铝-过铝质钙碱性岩石系列，具S型花岗岩特征，在R_1-R_2阳离子图解中位于板块碰撞花岗岩区。上述资料表明，该时期相应洋盆两侧大陆已进行碰撞，在碰撞过程中形成了测区内一系列同碰撞、同造山花岗岩类。

第四节　脉岩

区内岩脉较发育，从基性到酸性均有不同程度的分布，其规模大小悬殊，大者长数百米，宽数十米，小者长数米至数十米，宽几米，与围岩界线清楚，以其岩性分为超基性岩脉、基性岩脉、中性岩脉、酸性岩脉(包括细晶岩脉、微晶岩脉和石英脉)四大类，从分布特征看，中性岩脉和酸性岩脉最为发育，主要沿构造薄弱部位，如地层层理、变质岩片理、岩体节理、构造带及裂隙产出，脉岩走向大多数与区域构造线方向一致，少数与之呈切穿关系。

据脉岩的产出构造位置及与各期侵入岩在成分上的继承性和空间上分布的密切关系，以及变质变形特征，将测区脉岩初步划分为前寒武纪、早古生代、晚古生代、中生代4期，现由老到新分述如下。

一、中基性岩脉

分布于测区北部布伦阔勒岩群深变质地层之中，出露脉体不多，但局部成群出现。侵入界面不很规则，少数呈团块状出现，但界面截然。脉岩规模普遍较小，一般3～20m，延伸50～200m。脉体走向与区域构造线大体一致，岩石普遍蚀变强烈。主要岩石类型有如下几种：

中细粒黑云角闪闪长岩—中粒辉长岩　岩石呈灰色块状，中粒半自形粒状结构，矿物粒径为2～4mm为主，少数1.5mm。主要矿物成分为斜长石70%、普通角闪石15%～20%、黑云母5%～10%、石英2%～3%。矿物彼此之间紧密穿插接触。其中斜长石呈半自形柱状，洁净，双晶发育，钠长石律和少数卡钠复合双晶较为发育，个别双晶具环带构造，An=48—50，为中长石；角闪石呈自形柱状，为普通角闪石，常见包裹黑云母；黑云母呈自形叶片状，常包裹榍石、锆石等。

强蚀变细粒二长辉长岩　岩石呈灰绿色、浅灰色，块状，细粒半自形粒状结构，矿物粒径为0.8～1.5mm。主要矿物成分有斜长石40%、纤闪石40%、钾长石5%～10%、绿帘石5%、黑云母2%～3%。因受较强的热液变质作用，斜长石表面十分浑浊，强烈的钠黝石化，仅保留原斜长石晶体的形态；纤闪石呈纤维状集合体。

细粒透闪石化单斜辉石岩　岩石呈灰黑色，残余自形柱状结构，块状构造，矿物粒径2～3mm为主，主要矿物成分有透闪石(原为单斜辉石)90%、单斜辉石5%～10%。岩石遭受强烈的热液变质作用，造成原生辉石变为透闪石，但原生结构变化不大。

蚀变含斜长角闪石岩　岩石呈绿黑色，残余自形柱状结构，块状结构，矿物粒径3～5mm，主要矿物成分有角闪石(次闪石化)大于80%、斜长石10%、黑云母3%、钾长石3%～5%。其中角闪石为自形柱状，斜长石为粒状充填，钾长石为后期交代产物。

该类脉岩走向亦与缝合带基本一致，偏基性的岩石组成，加上不很规则的脉体边界反映了一种区域性张裂环境。依据上述特征，可以推断这些脉岩是在原特提斯洋(早古生代)的裂张过程中，由幔源岩浆贯入到周围基底岩系中形成。

二、中酸性岩脉

分布于塔吐鲁沟及其附近的长城系温泉沟岩群变质地层之中。单个脉岩规模不大，一般(3～5)m×(50～200)m。脉体走向多呈北东—南西向，脉体边界截然，但是很平直，有的脉沿节理贯入，表明就位深度不大。组成岩石单一，岩性如下几种：

细粒黑云二长岩　岩石呈绿灰色，细粒半自形粒状结构，块状构造。矿物粒径0.6～1.5mm，主要矿物成分为斜成石50%～60%、钾长石10%～15%、黑云母5%～10%、绿帘石10%～15%。

蚀变辉绿玢岩　岩石呈灰绿色，斑状结构，基质辉绿结构，块状构造，斑晶粒径5～17mm，基质粒径0.5～1mm，斑晶成分为斜长石5%～10%，基质成分有斜长石45%、阳起石20%～25%、绿帘石5%～10%、绿泥石10%～15%、角闪石2%～3%。

细粒黑云闪长岩　呈深灰色，细粒半自形粒状结构，块状构造，矿物粒径0.3～0.6mm，主要矿物成分有斜长石65%～70%、透闪石5%～10%、黑云母20%～25%、石英1%～2%。斜长石呈半自形细粒状，双晶发育，An=48—50，黑云母呈半自形叶片状，透闪石呈纤维放射状，为后期变晶形成。

该类脉岩中缺少角闪石，而富含黑云母和浅色矿物，岩石相对前一类脉岩明显偏酸性。脉岩形成于早古生代末期，可能与造山后的构造松弛或伸展事件相关。

三、酸性岩脉

酸性岩脉在区内广泛发育，具体包括两类花岗岩脉，一类为分布于布伦阔勒岩群和龙泪吉内阿岩体之中，脉体边界平直，界线清楚，脉体走向无优选方位。岩体内部脉体相对色率较浅，矿物粒度明显变细(0.3～0.6mm)。岩体外侧脉体则粒度相当，为1～4mm。脉岩矿物成分大致相同，主要组成矿物有斜长石60%～65%、石英20%～25%、角闪石5%～8%、黑云母5%。

另一类花岗岩脉为分布于长城系温泉沟岩群变质地层之中，区内脉体规模不大，(1～20)m×(10～200)m，边界平直，界线截然，倾角不大(35°～60°)，脉体主要岩性为中粗粒花岗闪长岩。岩石呈浅灰色，细粒花岗结构，块状构造，矿物粒径2～4mm。主要矿物成分有斜长石45%～50%、石英25%～30%、钾长石15%～20%、黑云母3%～5%、角闪石1%、绿帘石1%～2%。其中斜长石为半自形柱状，双晶浑浊、不清，钾长石为它形—半自形粒状、板状，常见其交代斜长石。

第一类花岗岩脉从其岩石组构特征及与岩体的密切伴生关系分析，其可能由早期侵入体形成之后的残余岩浆所致；第二类花岗岩脉的形成则要晚得多，至少应在石炭纪之后，结合偏酸性的岩石组成分析，其可能形成于晚古生代古特提斯洋的俯冲闭合过程之中或其末期。

四、伟晶岩脉

集中分布于叉河口以北的布伦阔勒岩群变质地层之中，伟晶岩脉较为发育，局部成群出现，最高可占岩石组成的30%。由南向北脉岩明显减少。伟晶岩脉多数顺片麻理贯入，少数斜切片麻理，边界不很规则，但总体与片麻理一致。单脉规模从30cm～5m不等。

第四章　变质岩

测区内变质岩分布比较广泛，从下元古界—三叠系地层均有不同程度的变质。变质地层出露面积大约 3 100km^2。主要岩石类型为区域变质岩，其次为动力变质岩和接触变质岩。区域变质岩主要分布于甜水海地层小区布伦阔勒岩群、温泉沟岩群，神仙湾地层小区神仙湾群，乔戈里峰地层分区前寒武系(未分)、河尾滩群。接触变质岩主要分布于侵入体外接触带，主要见于布伦阔勒岩群、神仙湾群中。动力变质岩主要分布于较大的断裂带和康西瓦结合带。

变质岩分类命名采用贺同兴等(1980)《变质岩石学》提出的方案。

第一节　区域变质岩

一、区域变质岩岩石特征

测区内变质岩种类齐全，可分为八大类，51 种岩石。它们的特征和分布如下。

(一)变质碎屑岩类

该类岩石主要为变砂岩、变粉砂岩，见于温泉沟岩群、神仙湾群和河尾滩群。

变质长石石英砂岩　灰色、浅灰色，变余中粒砂状结沟，块状构造，碎屑颗粒 0.1～0.35mm。碎屑成分有石英 60%～70%、斜长石＋钾长石 10%～20%、黑云母 8%左右、硅质岩屑 3%～8%，填隙物成分有绢云母＋极细砂屑 10%左右，副矿物磁铁矿 0.5%。大部分碎屑变晶粒状，0.3～0.35mm，少部分次棱角状。原岩分选、磨圆差，填隙物粘土矿物变为绢云母鳞片和黑云母鳞片、极细砂质。原岩为杂砂岩。

变质细粒石英砂岩　浅灰色，变余细粒砂状结构，块状构造。砂屑颗粒 0.1～0.25mm，少数 0.3～0.8mm。砂屑成分有石英 70%左右、硅质岩屑 8%～10%、斜长石＋钾长石 3%～5%，副矿物有电气石 0.5%、锆石小于 1%，填隙物有绢云母 8%～10%、粉砂级碎屑 3%左右、方解石 2%～3%，砂屑次棱角状，原岩分选、磨圆差，粘土矿物变质结晶为绢云母，定向排列。原岩为含泥质砂岩。

变质细粒长石砂岩　灰色，变余细粒砂状结构，变余层状构造。砂屑粒径 0.1～0.2mm，少数 0.25mm。砂屑成分有石英 40%～45%、斜长石(主)＋钾长石(次)30%～35%、硅质岩屑 1%，副矿物有电气石 0.5%、锆石 0.5%、磁铁矿小于 1%，填隙物成分有绢云母＋粘土矿物 15%左右、隐晶石英 3%～7%。砂屑次棱角状，分选中等，磨圆差。填隙物粘土矿物变质重结晶成绢云母鳞片和硅质变为隐晶石英。原岩接触式胶结，颗粒支撑，应力作用形成平行构造。原岩为长石杂砂岩。

变质石英粉砂岩　灰色、浅灰色，变余粉砂状结构，残余层状构造。碎屑颗粒 0.05～0.1mm。碎屑成分有石英 70%～82%、长石 1%～3%、铁白云石 3%左右，副矿物为电气石＋锆石小于 1%，填隙物成分有绢云母 10%～15%。石英变质重结晶，大部分原棱角仍残余，填隙物变质重结晶为绢云母，应力作用，绢云母、石英平行定向排列，与原层理一致。原岩为泥质粉砂岩。

变质长石石英粉砂岩　灰色，变余粉砂状结构，块状构造。碎屑颗粒0.05～0.1mm，碎屑成分有石英55%～60%、斜长石(主)＋钾长石(次)20%～25%，副矿物为电气石＋锆石小于1%，填隙物为绢云母＋绿泥石15%～20%。碎屑次圆状—次棱角状。填隙物粘土成分变质为绢云母和绿泥石，应力作用平行定向排列。原岩为粉砂岩。

变质长石粉砂岩　灰色，变余粉砂状结构，块状构造。碎屑颗粒0.05～0.1mm，少数大于0.1mm。粉砂成分有石英35%～55%、斜长石(主)＋钾长石(次)25%～40%、硅质岩屑2%～3%，副矿物有锆石0.5%、电气石0.5%，填隙物成分有绿泥石＋绢云母10%～15%、隐晶石英3%～8%。粉砂次棱角状，原岩分选磨圆差。填隙物粘土质变质为绿泥石、绢云母和隐晶石英，分布于砂粒之间，形成块状构造。

(二)板岩类

该类岩石主要见于温泉沟岩群、神仙湾群和河尾滩群。主要岩石有如下几种：

粉砂泥板岩　浅灰色，粉砂泥质结构，定向构造。碎屑颗粒0.03～0.05mm，碎屑成分有粘土成分52%～65%、石英30%～45%，斜长石和硅质岩屑少量，副矿物为电气石小于1%。粘土矿物重结晶呈细小鳞片状，部分呈毛发状。鳞片矿物平行定排列，石英、长石均匀分布。

粉砂质板岩　灰色，变余粉砂显微鳞片变晶结构，板状构造。变晶粒度0.01～0.02mm，成分有绢云母40%～45%、石英40%左右、黑云母3%～5%，副矿物有电气石小于1%、锆石小于1%。石英粉砂变晶粒状，粘土矿物变质为绢云母和个别黑云母，受应力作用呈平行定向排列。部分岩石中出现斑点，系由绢云母聚集而成，斑点大小0.3～0.5mm。

绢云母板岩　灰色，显微鳞片变晶结构，板状构造。颗粒0.02～0.05mm，成分：绢云母大于75%、石英3%～4%，副矿物褐铁矿少量。粘土矿物变质成绢云母鳞片，平行定向排列。部分岩石中出现斑点，斑点含量15%～20%，大小0.3～0.5mm，由绢云母聚集而成。原岩为泥岩。

砂质绢云母板岩　灰色，含砂质显微鳞片变晶结构，板状构造。颗粒0.03～0.3mm不等，成分：绢云母65%～80%、石英15%～20%、长石3%左右、绿泥石2%～5%，副矿物有电气石0.5%、锆石0.5%、磁铁矿小于1%。粘土矿物变质重结晶为绢云母、绿泥石，平行定排列。砂屑也发生重结晶，但仍保留次棱角状残余，均匀分布于岩石中，较大砂屑被压扁成透镜状。原岩为粉砂质泥岩。

粉砂质绢云母板岩　灰色，变余粉砂显微鳞片变晶结构，板状构造。颗粒0.02～0.03mm。成分：绢云母(主)＋粘土矿物(次)55%～60%、石英36%～40%、黑云母6%～8%，副矿物有褐铁矿0.5%、锆石0.5%。粘土矿物大多变质为绢云母，石英重结晶粒状，仅少数保留次棱角状。石英、绢云母和粘土矿物相间聚集，平行定向排列，形成板状构造。

绢云粉砂质板岩　灰色、浅灰色，显微鳞片变余粉砂结构，板状构造。颗粒0.03～0.06mm。成分：石英49%～52%、绢云母26%～28%、黑云母8%～10%、粘土矿物10%～12%、碳质2%～3%。石英变质重结晶呈粒状，部分残余次棱角状，粘土矿物变质重结晶为绢云母和黑云母，受应力作用呈平行定向排列。

(三)千枚岩类

该类岩石主要见于温泉沟岩群，岩石有如下几种：

绢云石英千枚岩　浅灰色、灰绿色，显微鳞片粒状变晶结构，千枚状构造。颗粒0.03～0.15mm。成分：石英50%～56%、绢云母30%～45%、黑云母3%～5%、斜长石4%左右、绿泥石3%左右，副矿物有锆石0.5%、褐铁矿小于1%、磁铁矿0.5%。石英变质重结晶成变晶粒状，粘土矿物变质为绢云母鳞片和个别黑云母、绿泥石。鳞片状矿物平行密集排列，形成千枚状构造。

含石英绢云千枚岩　浅灰色、灰绿色，显微粒状鳞片变晶结构，千枚状构造。颗粒 0.03～0.05mm。成分：绢云母 68%～72%、石英 15%～20%、绿泥石 5%左右、黑云母 5%左右，副矿物为磁铁矿。粘土矿物变质重结晶成绢云母和个别绿泥石，石英变晶粒状，绢云母平行定向排列，形成千枚状构造。黑云母为构造期前的变质重结晶矿物，有压力影。

石英绢云千枚岩　浅灰色、灰绿色，显微粒状鳞片变晶结构，千枚状构造。颗粒 0.02～0.06mm。成分：绢云母 70%～72%、石英 25%左右、绿泥石 3%～5%。粘土矿物变质重结晶成绢云母、绿泥石，应力作用显示微皱纹构造，形成千枚状构造，鳞片间石英呈变晶粒状，不均匀分布。

斑点状绢云千枚岩　灰色，显微鳞片变晶结构，千枚状构造，斑点状构造。斑点 0.5～1.2mm不等。成分：绢云母 75%～80%、石英 3%～5%，斑点 15%左右，斑点由铁碳酸盐聚集而成。粘土矿物变质重结晶成绢云母，平行定向排列。斑点氧化析出铁质。

石榴石英绢云千枚岩　灰色、浅灰色，斑状变晶结构，基质显微粒状鳞片变晶结构，千枚状构造。颗粒：变斑晶 0.3～0.6mm，基质 0.03～0.04mm。成分：变斑晶 2%左右，基质有绢云母 43%～46%、石英 32%～35%、黑云母 10%～12%、硬绿泥石 8%～10%。变斑晶为石榴子石，粘土矿物变质微绢云母、硬绿泥石和黑云母，石英变晶粒状。受应力作用呈平行定向排列。同世代矿物组合为石榴子石＋黑云母＋硬绿泥石＋绢云母。

（四）片岩类

该类岩石主要见于布伦阔勒岩群、前寒武系（未分），主要岩石有如下几种：

斜长云母石英片岩　浅灰色，鳞片粒状变晶结构，片状构造。颗粒 0.1～0.2mm。成分：石英 40%～42%、绢云母（主）＋白云母（次）23%～25%、黑云母 6%～8%、斜长石 22%～24%，副矿物有磁铁矿小于 1%、锆石 0.5%。长石石英变质重结晶，粘土矿物变质重结晶为绢云母、白云母、黑云母，相间聚集，平行排列。

白云石英片岩　浅灰色，鳞片粒状变晶结构，显微片状构造。变晶粒度 0.1～0.15mm，成分：石英 64%～68%、白云母 30%～35%、蓝晶石 1%～2%，副矿物有电气石小于 1%、磁铁矿小于 1%。区域热动力变质使石英呈等轴粒状变晶，粘土矿物变为白云母，变晶矿物相间聚集，平行排列。蓝晶石雏晶主变质期形成。原岩为细碎屑岩类。

十字石榴白云石英片岩　灰色，鳞片粒状变晶结构，斑状变晶结构，片状构造。变晶颗粒：变斑晶 4～7mm，个别 10mm，基质 0.15～0.2mm。变斑晶矿物成分有十字石 2%～4%、石榴子石 2%～3%，基质矿物成分有石英 45%～50%、白云母 40%～45%、黑云母 1%、绿泥石 2%～3%、蓝晶石小于 1%，副矿物为磷灰石小于 1%。石英变质重结晶，等轴粒状，粘土矿物变质成白云母、黑云母、绿泥石，受应力作用呈平行排列。黑云母多色性：Ng 褐红色、Np 浅褐黄色。主变质期形成片状构造。同构造期形成的十字石、石榴子石具残缕结构，石榴子石自形粒状，蓝晶石自形—半自形。原岩为碎屑岩类。同构造期矿物共生组合：十字石＋石榴子石＋蓝晶石＋白云母＋石英。

十字石榴二云片岩　灰色，斑状变晶结构，基质粒状鳞片变晶结构，片状构造。变晶颗粒：变斑晶 0.6～2.5mm，基质 0.15～0.3mm。变斑晶成分有石榴子石 3%～5%、十字石 1%～2%，基质成分有石英 25%～30%、白云母 30%～33%、黑云母 35%左右、绿泥石 1%～2%，副矿物有电气石 0.5%、磁铁矿小于 1%、锆石 0.5%、磷灰石 0.5%。石英呈等轴粒状变晶，粘土矿物变质成黑云母、白云母，相间聚集，同构造期形成的十字石、石榴子石自形粒状、柱状。偶见黑云母退变质成绿泥石。原岩为碎屑岩类。同构造期矿物共生组合：十字石＋石榴子石＋黑云母＋白云母＋石英。

石榴黑云石英片岩　灰色，斑状变晶结构，基质鳞片粒状变晶结构，片状构造。变晶颗粒为变斑晶 0.6～1.5mm，基质 0.15～0.3mm。变斑晶成分为石榴子石 2%～3%，基质成分有石英 55%～74%、斜长石 8%～10%、黑云母 20%～30%、白云母 2%～3%，副矿物为电气石 0.5%、磁铁矿小于1%、锆石0.5%。石英变质重结晶等轴粒状，粘土矿物变质成黑云母、白云母鳞片，平行定向排列。同构造期形成的石榴子石自形粒状，黑云母多色性为Ng褐红色、Np浅褐黄色。原岩为碎屑岩类。同构造期矿物共生组合：石榴子石+黑云母+白云母+石英。

二云石英片岩　浅灰色，鳞片粒状变晶结构，片状构造。变晶颗粒0.1～0.6mm，成分：石英70%～75%、黑云母15%～20%、白云母5%～10%、斜长石小于1%，副矿物有电气石0.5%、磁铁矿小于1%、锆石0.5%、磷灰石0.5%。石英变质重结晶呈等轴粒状，变质矿物黑云母、白云母相间聚集，平行排列，形成片状构造。根据变质矿物组合和残余个别碎屑特点分析原岩为碎屑岩。

含蓝晶石斜长黑云石英片岩　灰色，鳞片粒状变晶结构，片状构造。变晶颗粒0.6～0.8mm，成分：石英45%左右、黑云母35%左右、斜长石10%左右、白云母1%、蓝晶石1%～2%、绿泥石1%，副矿物为电气石0.5%。长英质矿物变质重结晶呈等轴粒状，紧密接触。新生变质矿物黑云母和个别白云母相间聚集，平行排列，黑云母多色性Ng棕色、Np浅褐黄色。同构造期形成的蓝晶石变晶粒状。同构造期矿物共生组合：蓝晶石+黑云母+白云母+石英。

石榴石英云母片岩　灰色，斑状变晶结构，基质粒状变晶结构，片状构造。变晶颗粒：变斑晶0.5～1mm，个别1.8mm，基质0.1～0.25mm。变斑晶成分为石榴子石10%～15%，基质成分有绢云母(主)+白云母(次)45%～50%、石英40%左右，副矿物为锆石小于1%。石英等轴粒状变晶，原碎屑间填隙物变质成绢云母、白云母，相间聚集，平行排列。同构早期形成的石榴子石自形粒状。原岩为碎屑岩。

绢云石英片岩　浅灰色，鳞片粒状变晶结构，片状构造。变晶颗粒0.15～0.2mm。成分：石英55%～60%、绢云母(主)+白云母(次)20%～25%、斜长石(主)+钾长石(次)8%～10%、绿泥石5%～8%，副矿物有电气石0.5%、锆石0.5%、磁铁矿0.5%。长英质碎屑变质重结晶呈变晶粒状，定向分布，新生矿物绢云母、白云母平行定向排列，相间聚集。原岩为细碎屑岩。

石榴二云石英片岩　灰色，鳞片粒状变晶结构，片状构造。变晶颗粒：变斑晶0.3～0.5mm，基质0.1～0.2mm。变斑晶成分为石榴子石1%～3%，基质成分有石英52%～57%、黑云母25%～30%、白云母8%～12%、绿泥石5%～8%，副矿物有磷灰石0.5%、磁铁矿小于1%、锆石0.5%。石英变晶呈等轴粒状，新生变质矿物黑云母、白云母相间聚集，平行排列。同构造期形成的石榴子石呈他形晶体，黑云母退变质成绿泥石。原岩为碎屑岩。同构造期矿物共生组合：石榴子石+黑云母+白云母+石英。

石榴帘石二云石英片岩　灰色，斑状变晶结构，基质鳞片粒状变晶结构，片状构造。变晶颗粒：斑晶3～6mm，基质0.15～0.2mm。变斑晶成分为石榴子石4%左右，基质成分为石英37%左右、黑云母15%～18%、白云母15%左右、黝帘石(主)+绿帘石(次)20%左右、绿泥石5%～8%、阳起石2%左右，副矿物为磁铁矿小于1%。石英变晶呈等轴粒状，紧密接触。黑云母、白云母相间聚集，平行排列，同构造期石榴子石半自形—它形，具筛状变晶结构。后期变质表现为黑云母退变为绿泥石和构造期后形成黝帘石、绿帘石。原岩为碎屑岩。同世代矿物共生组合：石榴子石+黑云母+白云母+石英。

斜长二云石英片岩　灰色，鳞片粒状变晶结构，片状构造。变晶颗粒0.2～0.3mm，成分：石英45%左右、黑云母25%～28%、斜长石18%～20%、白云母8%左右，副矿物有电气石0.5%、磷灰石0.5%、锆石小于1%。长石石英变质重结晶呈等轴粒状，紧密接触。黑云母、白云母相间聚集，平行排列。黑云母多色性为Ng褐红色、Np浅褐色。原岩为碎屑岩。

斜长黑云石英片岩　灰色，鳞片粒状变晶结构，片状构造。变晶颗粒0.15～0.2mm，成分：石英37%～40%、斜长石25%左右、黑云母25%～30%、绿帘石1%～2%，副矿物有榍石0.5%、电气石0.5%、磁铁矿1%、锆石0.5%。长英质矿物变质重结晶呈等轴粒状，斜长石双晶不发育，黑云母定向排列，多色性为Ng浅棕色、Np浅褐黄色。

斜长角闪片岩　灰色，粒柱状变晶结构，片状构造。变晶颗粒 0.5～1mm，成分：角闪石 48%～50%、斜长石 35%～40%、石英 6%～8%、黑云母 3%～4%，副矿物有金红石 0.5%、磁铁矿 1%、锆石 0.5%。角闪石、斜长石相间聚集、平行排列。角闪石呈半自形—自形柱状，浅绿—绿色。斜长石、石英他形。黑云母为晚期变质形成，多色性为 Ng 褐红色、Np 浅褐黄色。

斜长云母片岩　浅灰色，粒状鳞片变晶结构，片状构造。变晶颗粒 0.1～0.15mm，少数 0.2mm，成分：绢云母（主）+白云母（次）35%～40%、黑云母 15%～20%、石英 20%～25%、钠更长石 20%～25%，副矿物有磷灰石 0.5%、锆石 0.5%。长英质矿物呈变晶粒状，新生矿物绢云母、白云母、黑云母平行定向排列。原岩为泥质碎屑岩。

（五）片麻岩类

该类岩石主要见于布伦阔勒岩群，岩石类型有如下几种：

角闪黑云斜长片麻岩　灰色、浅灰色，片状粒状变晶结构，片麻状构造。变晶颗粒 0.3～0.6mm，成分：石英 25%～35%、斜长石 25%～30%、黑云母 15%～20%、角闪石 5%～20%、黝帘石 2%～3%，副矿物有榍石 0.5%、磁铁矿 1%、磷灰石 0.5%。长英质矿物呈等轴变晶粒状，角闪石呈细柱状，浅绿—绿色。黑云母具多色性，Ng 浅绿褐色、Np 浅黄色。原岩为副变质岩。变质矿物共生组合：普通角闪石+黑云母+黝帘石+斜长石+石英。

石榴黑云斜长片麻岩　浅灰色，鳞片粒状变晶结构，片麻状构造。变晶颗粒 0.3～0.6mm，成分：斜长石 25%～30%、黑云母 25%～30%、石英 10%～20%、钾长石 8%～10%、白云母 3%左右、石榴子石 8%～10%，副矿物有电气石 0.5%、锆石 0.5%。长英质矿物等轴变晶粒状，黑云母、白云母相间聚集，平行排列，黑云母具多色性，Ng 褐红色、Np 浅褐黄色。石榴子石自形粒状。原岩为碎屑岩。变质矿物共生组合：石榴子石+黑云母+白云母+斜长石+石英。

石榴黑云二长片麻岩　浅灰色，片状粒状变晶结构，片麻状构造。变晶颗粒 1～2mm，少数 3mm。成分：斜长石 20%～25%、石英 25%～30%、钾长石 18%～20%、黑云母 25%左右、石榴子石 2%～3%、白云母 1%、矽线石 1%，副矿物钛铁矿 0.5%。长英质矿物变晶粒状，黑云母相间聚集，断续平行排列，石榴子石自形粒状，矽线石纤维状，钾长石它形，洁净。晚期变质形成白云母。变质矿物共生组合：石榴子石+矽线石+黑云母+斜长石+钾长石+石英。

矽线石榴黑云斜长片麻岩　灰色，鳞片粒状变晶结构，片麻状构造。变晶颗粒 0.3～0.6mm，少数 1mm。成分：斜长石 34%～36%、黑云母 35%左右、石英 15%～20%、石榴子石 5%～7%、矽线石 2%～3%、钾长石大于 3%，副矿物磁铁矿小于 1%。长英质矿物等轴镶嵌粒状，斜长石洁净，黑云母相间聚集，平行排列，石榴子石半自形状，矽线石纤维状、针状。同世代变质矿物组合：石榴子石+矽线石+黑云母+钾长石+斜长石+石英。

（六）粒岩类

该类岩石见于布伦阔勒岩群，主要岩石有如下几种：

黑云斜长变粒岩　浅灰色，鳞片粒状变晶结构，块状构造。颗粒 0.5～0.6mm。成分：斜长石 79%～80%、石英 10%～12%、黑云母 6%～8%、绢云母 2%～3%，副矿物锆石 0.5%。斜长石变晶柱状，黑云母鳞片杂乱分布，无优选方向。原岩为碎屑岩。

长石石英岩　浅灰色，粒状变晶结构，块状构造。颗粒 0.15～0.3mm。成分：石英大于 78%、斜长石 10%～12%、白云母 8%～10%、绿泥石 1%～2%，副矿物为电气石、锆石和磁铁矿。长石石英变晶粒状，粒间粘土矿物变质成绢云母。原岩为砂岩类。

绢云石英粒岩　灰色、浅灰色，显微鳞片粒状变晶结构，平行构造。变晶颗粒 0.1～0.15mm，少数 0.2mm，成分：石英 70%～75%、绢云母 15%～20%、斜长石（主）+钾长石（次）

5%～10%，副矿物有锆石 0.5%、电气石 0.5%。长英质矿物等轴变晶粒状，绢云母鳞片平行定向排列。原岩为碎屑岩。

石榴黑云石英粒岩　灰色、浅灰色，显微鳞片粒状变晶结构，块状构造。变晶颗粒 0.1～0.2mm，少数 0.6mm，成分：石英 75%～80%、黑云母 10%～15%、绿泥石 2%～3%、白云母 1%～3%、石榴子石 3%～5%，副矿物有电气石 0.5%、锆石 0.5%、磷灰石 1%、磁铁矿小于 1%。长英质矿物等轴变晶粒状，新生矿物黑云母、绿泥石无定向排列，石榴子石半自形状。原岩为细碎屑岩。变质矿物共生组合：石榴子石＋绿泥石＋黑云母＋石英。

黑云斜长变粒岩　灰色、浅灰色，显微鳞片粒状变晶结构，平行构造。变晶颗粒 0.2～0.3mm，成分：钠更长石小于 35%、石英 30%～35%、黑云母 30%～35%。长英质矿物等轴粒状变晶，钠更长石中常有云母包裹体，黑云母平行定向分布，黑云母多色性为 Ng 褐红色、Np 浅黄褐色。

斜长石英浅粒岩　浅灰色，粒状变晶结构，块状构造。变晶颗粒 0.1～0.15mm。成分：石英 80%左右、斜长石 10%～15%、黑云母 3%～5%，副矿物有榍石、磷灰石、钛铁矿、锆石少量。长英质矿物等轴粒状变晶，均匀分布，斜长石重结晶，双晶清晰。原岩为细碎屑岩。

角闪石英粒岩　灰色，粒状变晶结构，块状构造。变晶颗粒 0.15～0.2mm。成分：石英 44%左右、角闪石 15%～20%、绿帘石 10%～15%、钾长石 5%～8%、斜长石 8%左右、透闪石 1%～2%、黑云母 5%～7%、绿泥石 2%～3%，副矿物有榍石 0.5%、磷灰石 0.5%、磁铁矿 1%。长英质矿物等轴粒状变晶，部分黑云母退变为绿泥石。

黑云斜长石英粒岩　灰色，鳞片粒状变晶结构，块状构造。变晶颗粒 0.3～0.5mm。成分：石英 60%～65%、斜长石 15%～20%、黑云母 15%左右、白云母 3%～4%、黝帘石 1%～2%。长石石英等轴粒状变晶，黑云母、白云母平行定向排列，长石有钠黝帘石化。原岩为碎屑岩。

石榴绿泥斜长变粒岩　灰色，鳞片粒状变晶结构，块状构造。变晶颗粒 0.2～0.3mm。成分：斜长石 43%左右、绿泥石 25%～30%、角闪石 8%～10%、石榴子石 3%～5%、石英 10%～15%、方解石 2%～3%、黝帘石小于 1%，副矿物金红石 0.5%。长英质矿物等轴粒状变晶，石榴子石它形粒状，筛状变晶，黑云母退变质成绿泥石。同世代变质矿物共生组合：石榴子石＋角闪石＋方解石＋斜长石＋石英。

黑云斜长变粒岩　灰色，鳞片粒状变晶结构，块状构造。变晶颗粒 0.1～0.15mm。成分：斜长石 46%～60%、黑云母 12%～20%、石英 20%～30%，副矿物有电气石 0.5%、榍石 0.5%、锆石 0.5%。长石石英等轴粒状变晶，斜长石洁净。黑云母多色性 Ng 褐红色、Np 浅褐色。原岩为碎屑岩。

石榴黑云斜长变粒岩　可分两类，第一类岩石为灰色，鳞片粒状变晶结构，块状构造。变晶颗粒 0.8～1.5mm。成分：斜长石 45%～50%、石英 15%左右、石榴子石 5%～8%、黑云母 10%左右、绿泥石 10%～15%、白云母 1%～2%、钾长石 5%～6%，副矿物为锆石 0.5%、磁铁矿小于 1%。长英质矿物等轴粒状变晶，绿泥石沿裂隙交代石榴子石和黑云母退变为绿泥石。变质矿物共生组合：石榴子石＋黑云母＋白云母＋斜长石＋石英。第二类岩石为灰色，斑状变晶结构，基质鳞片粒状变晶结构，块状构造。变晶颗粒：斑晶 1～1.5mm，基质 0.05～0.1mm。变斑晶成分：石榴子石 3%左右，基质成分：石英 41%左右、钠更长石 30%～35%、黑云母 15%～20%、角闪石 5%～6%。长英质矿物等轴粒状变晶，同构造期石榴子石筛状变晶，角闪石呈层状聚集。变质矿物共生组合：石榴子石＋黑云母＋斜长石＋角闪石＋石英。见于南羌塘地层区前寒武未分地层。

斜长浅粒岩　灰色、粒状变晶结构，块状构造。变晶颗粒 0.2～0.6mm，少数 1mm。成分：斜长石 45%～50%、石英 40%～45%、角闪石 3%～5%、透闪石 5%～6%、榍石 2%，副矿物有磁铁矿小于 1%、磷灰石 0.5%、锆石 0.5%。长石石英等轴粒状变晶，角闪石半自形状。

黑云长英质变粒岩　灰色，鳞片粒状变晶结构，块状构造。变晶颗粒 0.2～0.5mm。成分：

石英40%～45%、斜长石35%～45%、黑云母5%～10%。长石石英等轴粒状变晶。原岩为碎屑岩。

透辉角闪斜长变粒岩 灰色，柱状变晶结构，块状构造。变晶颗粒0.3～0.5mm，及0.8～1.5mm。成分：斜长石50%左右、角闪石28%～30%、透辉石10%～14%、黑云母4%～5%、石英2%～3%、黄铁矿1%、榍石1%。长石等轴粒状变晶，均匀分布；角闪石绿色，半自形柱状，长径0.8～1.5mm；透辉石粒状、短柱状；黑云母片状，布局定向排列。变质矿物组合：角闪石＋透辉石＋斜长石＋石英。

（七）钙镁碳酸盐类

该类岩石见于布伦阔勒岩群，主要岩石有如下几种：

含白云石大理岩 浅灰色，粒状变晶结构，平行构造。颗粒长径1～6mm不等。成分：方解石90%、白云石3%～5%、透辉石2%～3%、石英1%，副矿物为黄铁矿。方解石变质重结晶，受应力作用呈平行定向排列。新生变晶矿物透辉石、白云石等显示条纹聚集特征。

大理岩 灰白色，细粒变晶结构，块状构造。颗粒0.5～1mm为主。成分：方解石98%左右、石英1%～2%。方解石变质重结晶呈自形—半自形晶体，残晶体多分布于重结晶颗粒边缘。

中晶白云石大理岩 灰白色，中粒变晶结构，块状构造。变晶颗粒0.25～0.35mm。成分：白云石大于99%、黑云母小于1%。白云石重结晶呈自形—半自形状，晶体间呈折线紧密接触，构成块状构造。

（八）角闪岩类

该类岩石见于布伦阔勒岩群，出露范围小，多为透镜体状。

斜长角闪岩 深灰色，柱粒状变晶结构，平行构造。变晶颗粒0.2～1.5mm。成分：角闪石49%～54%、斜长石35%～40%、石英5%～10%、透辉石2%～3%、黑云母小于1%，副矿物磁铁矿1%。斜长石等轴粒状变晶，角闪石绿色，半自形—自形状，受应力作用长石、角闪石平行定向排列。同世代矿物共生组合：角闪石＋透辉石＋绿帘石＋斜长石。

二、区域变质岩主要变质岩原岩恢复

区域变质岩原岩除原岩结构特征明显的板岩、变砂岩、大理岩、石英岩不作原岩恢复外，重点对片岩类、片麻岩类、粒岩类等按地质单位分别从地质、岩石（层）组合、矿物成分、结构构造、岩石化学、地球化学、微量元素、稀土等方面进行恢复，具体恢复工作和结果见第二章地层中的相关部分。

三、主要变质体、变质带、变质相系和变质作用类型

（一）区域变质岩变质地质单元划分

根据变质地质体地质特征、分布情况，结合区域构造背景可以划分为喀喇昆仑和滇藏（乔戈里峰）两个变质区，涉及7个地质单位，经过吕梁、晋宁、华力西-印支、燕山4个变质期。

测区内主要通过泥质-长英质碎屑岩和基性火山岩主变质期变质矿物共生组合，再结合区域资料对比分析变质温压条件，以下按不同变质时代和地层区分别介绍。

（二）主要变质地质单元变质温压估算

1. 古元古代

喀喇昆仑变质区

变质矿物组合：石榴子石＋矽线石＋黑云母＋钾长石＋斜长石＋石英；石榴子石＋黑云母＋白云母＋斜长石＋石英；石英＋斜长石＋黑云母；十字石＋石榴子石＋蓝晶石＋白云母＋石英；石榴子石＋黑云母＋白云母＋石英；透辉石＋绿帘石＋角闪石＋斜长石＋石英。变质温压条件 $T=400\sim640℃$、$p=0.2\sim0.8GPa$。低角闪岩相变质。

测区布伦阔勒岩群十字石榴白云石英片岩和石榴黑云石英片岩通过石榴子石-黑云母矿物对 Mg 分配系数确定变质温度，D541/4 十字石榴白云石英片岩石榴子石晶体作一个剖面，由中心向外沿长轴测得 8 个点，捕虏晶 1 点，边部黑云母 1 点。D542/11 石榴黑云石英片岩中黑云母俘虏晶和靠近的石榴子石各打 1 点（内部两处），边部石榴子石和外部的云母各打 1 点。重量百分数分析结果（表 4－1）和离子数（表 4－2），将结果投于共存的石榴子石-黑云母之间 Mg 分配等温线图（图 4－1），十字石榴白云石英片岩得到 580℃，石榴黑云石英片岩得到 520℃，由于这两个样品采于布伦阔勒岩群十字石和石榴子石相带，基本反映布伦阔勒岩群变质温度上限。结合上面通过变质矿物共生组合分析，布伦阔勒岩群变质温度为 400～580℃。

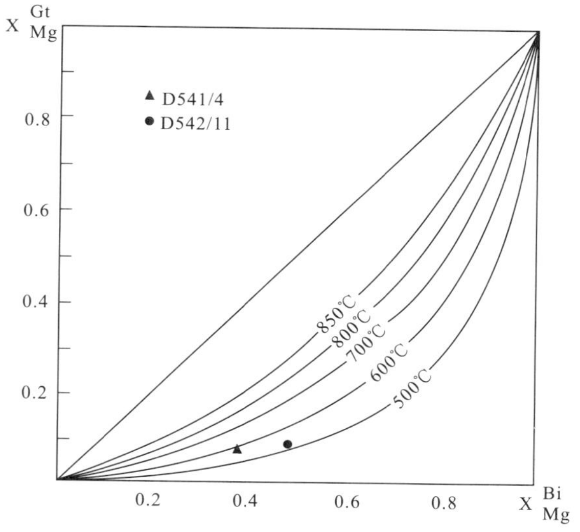

图 4－1 共存的石榴子石-黑云母之间 Mg 分配等温线图

表 4－1 石榴子石、黑云母电子探针分析结果 （w_B%）

样品号	矿物	MgO	Al_2O_3	SiO_2	P_2O_5	K_2O	CaO	Cr_2O_3	MnO	FeO	TiO_2	Na_2O	Σ
D541/4	Gt	1.14	20.89	39.46	0.37*	—	1.39	—	8.08	28.46	1.43	—	100.85
	Gt	1.40	21.34	37.68	—	0.06*	2.10	—	7.89	27.94	—	—	98.35
	Gt	1.15	20.52	37.88	0.43	0.12*	2.10*	0.21*	7.75	27.94	—	—	95.67
	Gt	1.67	20.62	38.03	0.10*	—	2.32	0.13*	7.67	28.58	—	—	98.89
	Gt	1.37	20.57	38.16	0.28*	0.03*	2.36	0.15*	6.36	29.58	—	—	98.40
	Gt	1.18	20.61	38.22	0.54	0.06*	2.04	—	4.97	31.19	—	—	98.75
	Gt	1.85	20.32	38.32	0.26*	—	1.89	—	3.24	33.01	—	—	98.63
	Gt	1.96	20.65	38.69	0.13*	—	1.39	—	1.31	35.72	—	—	99.72
	Bi	—	—	97.49	0.62	—	0.08*	—	0.37*	0.84	—	—	98.95
	Bi	9.60	19.92	37.82	0.54	6.99	—	—	—	20.14	—	—	95.01
D542/11	Bi	12.85	20.77	39.37	0.13*	8.54	—	—	0.23*	13.47	1.17	—	96.17
	Gt	3.20	21.07	38.42	—	—	2.14	—	2.49	30.84	—	0.63	98.79
	Bi	13.41	19.75	39.20	0.19*	8.02	—	—	—	12.61	1.66	—	94.65
	Gt	3.11	21.50	39.55	0.05*	—	1.93	—	3.00	31.61	0.06*	—	100.70
	Gt	2.46	21.39	39.17	0.14*	—	2.16	—	3.63	31.59	—	—	100.40
	Bi	10.49	19.44	38.34	0.19*	7.93	—	—	0.47*	16.96	1.79	—	94.95

* =<2 Sigma

表 4-2 石榴子石、黑云母电子探针离子分析结果

样品号	Mg	Al	Si	P	Ca	Mn	Fe	Na	K	Cr	Ti	O
D541/4	0.05	0.65	1.05	0.01*	0.04	0.18	0.63	—	—	—	—	4.00
	0.06	0.68	1.02	—	0.06	0.18	0.63	—	0.00*	—	—	4.00
	0.05	0.66	1.03	0.01*	0.06	0.18	0.64	—	0.00*	0.00*	—	4.00
	0.07	0.66	1.03	0.00*	0.07	0.17	0.65	—	—	0.00*	—	4.00
	0.06	0.65	1.03	0.01*	0.07	0.15	0.67	—	0.00*	0.00*	—	4.00
	0.05	0.66	1.03	0.01	0.06	0.11	0.70	—	0.00*	—	—	4.00
	0.07	0.65	1.03	0.01*	0.05	0.07	0.74	—	—	—	—	4.00
	0.08	0.65	1.03	0.00*	0.04	0.03	0.80	—	—	—	—	4.00
	—	—	1.98	0.01	0.00*	0.01*	0.01	—	—	—	—	4.00
	0.38	0.63	1.01	0.01	—	—	0.45	—	0.24	—	0.03	4.00
D542/11	0.50	0.64	1.03	0.00*	—	0.00*	0.29	—	0.28	—	0.02	4.00
	0.13	0.66	1.03	—	0.06	0.06	0.69	0.03	—	—	—	4.00
	0.53	0.61	1.03	0.00*	—	—	0.28	—	0.27	—	0.03	4.00
	0.12	0.66	1.03	0.00*	0.05	0.07	0.69	—	—	—	0.00*	4.00
	0.10	0.66	1.03	0.00*	0.06	0.08	0.70	—	—	—	—	4.00
	0.42	0.61	1.03	0.00*	—	0.00*	0.38	—	0.27	—	0.04	4.00

* =<2 Sigma

2. 新元古代

喀喇昆仑变质区

变质矿物组合：绢云母＋黑云母＋白云母＋钠更长石＋石英；石英＋斜长石＋黑云母。变质温压条件 T=400～500℃、p=0.2～1.0GPa。高绿片岩相变质。

滇藏(乔戈里峰)变质区

变质矿物组合：石榴子石＋黑云母＋角闪石＋斜长石＋石英；变质温压条件 T=400～575℃、p=0.2～0.8GPa。低角闪岩相变质。

3. 华力西-印支期

喀喇昆仑变质区

变质矿物组合：绢云母＋绿泥石＋石英；绢云母＋黑云母＋石英；绢云母＋石英。变质温压条件 T=300～500℃、p=0.2～1.0GPa。低绿片岩相变质。

(三)主要变质地质单元变质带、变质相、变质相系和变质作用类型

1. 变质矿物组合

测区变质岩岩石种类较多，变质矿物组合复杂。变质矿物以低温—中温特征变质矿物组合为主，部分区段可见特征变质矿物。经统计测区可划分 40 个矿物共生组合。

1)以中温—中高温为主的矿物组合

角闪黑云斜长片麻岩：普通角闪石＋黑云母＋黝帘石＋斜长石＋石英

石榴黑云斜长片麻岩：石榴子石＋黑云母＋白云母＋斜长石＋石英

石榴黑云二长片麻岩:石榴子石+矽线石+黑云母+钾长石+斜长石+石英
矽线石榴黑云斜长片麻岩:石榴子石+矽线石+黑云母+钾长石+斜长石+石英
黑云斜长片麻岩:黑云母+斜长石+钾长石+石英
绢云石英粒岩:绢云母+斜长石+钾长石+石英
石榴黑云石英粒岩:石榴子石+黑云母+绿泥石+石英
斜长石英浅粒岩:石英+斜长石+黑云母
角闪石英粒岩:角闪石+黑云母+钾长石+斜长石+石英
黑云斜长石英粒岩:黑云母+白云母+黝帘石+斜长石+石英
石榴绿泥斜长变粒岩:石榴子石+角闪石+方解石+斜长石+石英
黑云斜长变粒岩:黑云母+斜长石+石英
石榴黑云斜长变粒岩:石榴子石+黑云母+角闪石+斜长石+石英
石榴黑云斜长变粒岩:石榴子石+黑云母+白云母+斜长石+石英
斜长浅粒岩:角闪石+透闪石+斜长石+石英
黑云长石石英变粒岩:黑云母+斜长石+石英
长石石英岩:绿泥石+白云母+斜长石+石英
白云石英片岩:蓝晶石+白云母+石英
十字石榴白云石英片岩:十字石+石榴子石+蓝晶石+白云母+石英
十字石榴二云片岩:十字石+石榴子石+白云母+黑云母+石英
石榴黑云石英片岩:石榴子石+白云母+黑云母+石英
二云石英片岩:黑云母+白云母+斜长石+石英
含蓝晶斜长黑云石英片岩:蓝晶石+黑云母+白云母+斜长石+石英
石榴石英云母片岩:石榴子石+绢云母+白云母+石英
绢云石英片岩:绢云母+白云母+斜长石+钾长石+石英
石榴二云石英片岩:石榴子石+黑云母+白云母+石英
石榴帘石二云石英片岩:石榴子石+黑云母+白云母+石英
斜长二云石英片岩:黑云母+白云母+斜长石+石英
斜长黑云石英片岩:黑云母+斜长石+石英
斜长云母片岩:绢云母+黑云母+白云母+钠更长石+石英
斜长云母石英片岩:绢云母+黑云母+白云母+斜长石+石英
斜长角闪岩:透辉石+绿帘石+角闪石+斜长石+石英
斜长角闪片岩:角闪石+斜长石+石英
2)以低温—中低温为主的矿物组合
石榴石英绢云千枚岩:石榴子石+黑云母+硬绿泥石+绢云母+石英
绢云千枚岩:绢云母+石英
石英绢云千枚岩:绢云母+绿泥石+石英
绢云石英千枚岩:绢云母+黑云母+石英
绢云粉砂质板岩:绢云母+黑云母+石英
绢云母板岩:绢云母+石英

2. 变质带、变质相、变质相系及分布

测区变质带、变质相、变质相系及分布见(图 4-2 和表 4-3)。

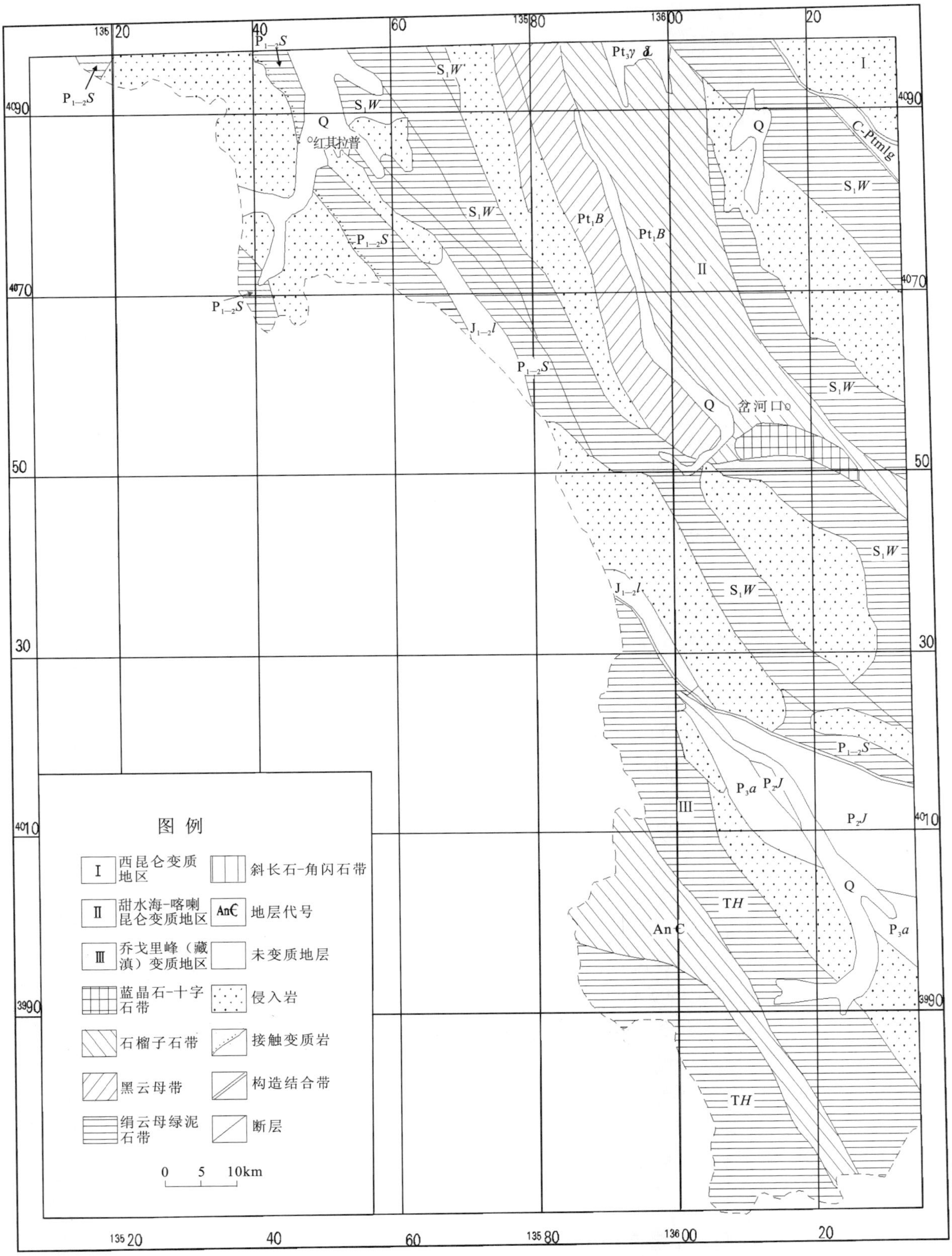

图 4-2　塔吐鲁沟幅变质图

表 4-3　变质相系

变质岩类	典型岩石	特征矿物组合	变质带	变质相	变质相系
泥质-长英质岩类	矽线石榴黑云斜长片麻岩	石榴子石＋矽线石＋黑云母＋钾长石＋斜长石＋石英	矽线石带		低中压相系
泥质-长英质岩类	石榴黑云二长片麻岩	石榴子石＋矽线石＋黑云母＋钾长石＋斜长石＋石英	矽线石带		低中压相系
泥质-长英质岩类	白云石英片岩	蓝晶石＋白云母＋石英	蓝晶石带		中压相系
泥质-长英质岩类	含蓝晶斜长黑云石英片岩	蓝晶石＋黑云母＋白云母＋斜长石＋石英	蓝晶石带		中压相系
泥质-长英质岩类	十字石榴白云石英片岩	十字石＋石榴子石＋蓝晶石＋白云母＋石英	十字石带	角闪岩相	低中压相系
泥质-长英质岩类	十字石榴二云片岩	十字石＋石榴子石＋白云母＋黑云母＋石英	十字石带	角闪岩相	低中压相系
泥质-长英质岩类	石榴黑云斜长片麻岩	石榴子石＋黑云母＋白云母＋斜长石＋石英	石榴子石带	低角闪岩相	低中压相系
泥质-长英质岩类	石榴黑云斜长片麻岩	石榴子石＋黑云母＋白云母＋斜长石＋石英	石榴子石带	低角闪岩相	低中压相系
泥质-长英质岩类	石榴黑云石英粒岩	石榴子石＋黑云母＋绿泥石＋石英	石榴子石带	低角闪岩相	低中压相系
泥质-长英质岩类	石榴绿泥斜长变粒岩	角闪石＋方解石＋角闪石＋斜长石＋石英	石榴子石带	低角闪岩相	低中压相系
泥质-长英质岩类	石榴黑云斜长变粒岩	黑云母＋白云母＋黝帘石＋斜长石＋石英	石榴子石带	低角闪岩相	低中压相系
泥质-长英质岩类	石榴黑云斜长变粒岩	石榴子石＋黑云母＋白云母＋斜长石＋石英	石榴子石带	低角闪岩相	低中压相系
泥质-长英质岩类	石榴黑云石英片岩	石榴子石＋白云母＋黑云母＋石英	石榴子石带	低角闪岩相	低中压相系
泥质-长英质岩类	石榴石英云母片岩	石榴子石＋绢云母＋白云母＋石英	石榴子石带	低角闪岩相	低中压相系
泥质-长英质岩类	石榴二云石英片岩	石榴子石＋黑云母＋白云母＋石英	石榴子石带	低角闪岩相	低中压相系
变质侵入体	黑云斜长片麻岩	黑云母＋斜长石＋钾长石＋石英	斜长石带	低角闪岩岩相	低一中压相系
泥质-长英质岩类	角闪黑云斜长片麻岩	普通角闪石＋黑云母＋黝帘石＋斜长石＋石英	黑云母带	低角闪岩相＋高绿片岩相	低一中压相系
泥质-长英质岩类	斜长石英浅粒岩	石英＋斜长石＋黑云母	黑云母带	低角闪岩相＋高绿片岩相	低一中压相系
泥质-长英质岩类	黑云斜长石英粒岩	黑云母＋斜长石＋石英	黑云母带	低角闪岩相＋高绿片岩相	低一中压相系
泥质-长英质岩类	黑云长石石英变粒岩	黑云母＋斜长石＋石英	黑云母带	低角闪岩相＋高绿片岩相	低一中压相系
泥质-长英质岩类	白云石英片岩	蓝晶石＋白云母＋石英	黑云母带	低角闪岩相＋高绿片岩相	低一中压相系
泥质-长英质岩类	二云石英片岩	黑云母＋白云母＋斜长石＋石英	黑云母带	低角闪岩相＋高绿片岩相	低一中压相系
泥质-长英质岩类	斜长二云石英片岩	黑云母＋白云母＋斜长石＋石英	黑云母带	低角闪岩相＋高绿片岩相	低一中压相系
泥质-长英质岩类	斜长黑云石英片岩	黑云母＋斜长石＋石英	黑云母带	低角闪岩相＋高绿片岩相	低一中压相系
泥质-长英质岩类	斜长云母片岩	绢云母＋黑云母＋白云母＋钠更长石＋石英	黑云母带	低角闪岩相＋高绿片岩相	低一中压相系
泥质-长英质岩类	黑云长石石英变粒岩	黑云母＋斜长石＋石英	黑云母带	低角闪岩相＋高绿片岩相	低一中压相系
泥质-长英质岩类	斜长云母石英片岩	绢云母＋黑云母＋白云母＋斜长石＋石英	黑云母带	绿片岩相	中压相系
泥质-长英质岩类	黑云斜长变粒岩	黑云母＋斜长石＋石英	黑云母带	绿片岩相	中压相系
泥质-长英质岩类	绢云石英千枚岩	绢云母＋黑云母＋石英	黑云母带	绿片岩相	中压相系
泥质-长英质岩类	长石石英岩	绿泥石＋白云母＋斜长石＋石英	绿泥石带	低绿片岩相	低中压相系
泥质-长英质岩类	石英绢云千枚岩	绢云母＋绿泥石＋石英	绿泥石带	低绿片岩相	低中压相系
基性中性岩类	斜长角闪岩	角闪石＋透辉石＋绿帘石＋斜长石＋石英	斜长石＋角闪石带	低角闪岩相	低压相系
基性中性岩类	斜长角闪片岩	角闪石＋斜长石＋石英	斜长石＋角闪石带	低角闪岩相	低压相系

寒武纪以前多出现区域动力热流变质递增变质带，寒武纪以后发育区域低温动力热流变质。

下元古界布伦阔勒岩群可以划为 3 个带，蓝晶石-十字石带：见于塔吐鲁沟哨卡巴什钧一带，为布伦阔勒群，近东西向展布，东西长 12km，南北宽 2km，与石榴子石带呈过渡关系，为角闪岩相变质；石榴石带：见于测区叶尔羌河两岸，主要为布伦阔勒群、前寒武纪（未分）地层，北西—北北西向展布，面积 1 000km^2，与黑云母带、蓝晶石-十字石带呈过渡关系，为角闪岩相变质；黑云母带：见于测区叶尔羌河以西，主要为布伦阔勒群 C 岩组，北西—北北西向展布，面积大于 1 100km^2，与石榴子石带呈过渡关系，为高绿片岩相-低角闪岩相变质。

根据野外观察和室内镜下鉴定，布伦阔勒岩群主变质期以岔河口为中心沿叶尔羌河向两侧递减变质，变质相带以此为蓝晶石-十字石带、石榴子石带、黑云母带，反映变质热点在岔河口一带。

华力西-印支期变质相带为绢云母-绿泥石带：该带主要为温泉沟岩群、河尾滩群、神仙湾群，近东西向展布，与周围未变质地层和中深变质地层断层接触。北羌塘地块南缘神仙湾群和南羌塘地块北缘河尾滩群均发生浅变质，而向地块内侧基本未变质，它们之间为空喀山口结合带。

根据变质矿物共生组合和特征变质矿物的产出和分布，测区内变质地质体主要发生区域动力热流变质作用和区域低温动力热流变质作用。主要变质地质单元变质地质特征如下。

1）喀喇昆仑变质区

主要有布伦阔勒岩群、温泉沟岩群、神仙湾群、河尾滩群。分为结晶基底、过渡基底和盖层三部分。

结晶基底　布伦阔勒岩群 3 次变质，第一期古元古代末期区域动力热流变质，角闪岩相-高绿片岩相。根据石榴子石-黑云母温度计得到温度为 520～580℃，区域资料分析变质温度为 400～580℃，压力为 0.2～0.8GPa；第二期变质发生于晋宁期，叠加于第一期变质之上，二者不好区分，总体比第一期变质温度低；第三期发生于华力西-印支期，低温动力变质，早期变质岩退变质。

盖层　主要有温泉沟岩群、神仙湾群、河尾滩群，华力西-印支期变质，低绿片岩相，变质矿物组合：绢云母＋绿泥石＋石英；黑云母＋绢云母＋绿泥石＋石英；绢云母＋黑云母＋石英。温泉沟岩群比神仙湾群、河尾滩群变质程度稍高。变质温度为 300～500℃，压力 0.2～0.6GPa。

2）滇藏（乔戈里峰）变质区

变质矿物：石榴子石、黑云母、白云母、石英，经历一次变质作用。根据变质矿物组合分析和结合区域资料，变质温压条件：T=400～575℃，p=0.2～1.0GPa。

第二节　动力变质岩

图幅内动力变质岩比较发育，主要分布于布伦阔勒岩群、康西瓦结合带和较大断裂带中。按变性特征和岩石类型可划分为碎裂岩类和糜棱岩类。

一、碎裂岩类

碎裂岩主要见于晚期脆性断层中，包括碎裂岩化岩石、碎裂岩、构造角砾岩。各个岩石特征见表 4－4。

表 4-4 碎裂岩岩石类型

岩石类型	颜色	结构构造	成分
碎裂岩化英云闪长岩	灰白色	碎裂结构	斜长石 64%～69%、石英 20%～25%、钾长石 3%～5%、黑云母 5%～6%、褐铁矿 0.5%
碎裂岩化含钙石英杂砂岩	紫红色	碎裂结构 无定向构造	石英 47%～50%、硅质岩屑 10%左右、方解石大于 10%、泥岩屑 3%左右、斜长石大于 3%、钾长石 2%～3%、填隙物 20%左右
碎裂岩化砂岩	浅灰色	碎裂结构	长石 79%～80%、石英 10%～12%、黑云母 6%～8%、填隙物 2%～3%
碎裂岩化石英砂岩	灰白色	碎裂结构 无定向构造	石英大于 90%、长石 5%左右、基质 2%～3%
灰质碎裂岩	浅灰色	碎裂结构 无定向构造	方解石大于 95%
构造角砾岩	浅灰色	角砾结构 无定向构造	粉砂泥板岩 50%～60%、细碎屑 30%～40%
长英质碎粒岩	灰色	碎粒结构 无定向构造	碎粒大于 90%、绢云母 10%左右

二、糜棱岩类

英云闪长质糜棱岩 浅灰色，糜棱结构、残碎斑状结构，局部残余中细粒半自形粒状结构，片麻状构造、眼球状纹理构造。颗粒 0.1～0.6mm 及 1～3mm 不等。成分：斜长石 48%～50%、石英 25%～30%、黑云母 15%～18%、白云母 3%～4%、绢云母 3%，副矿物锆石小于 1%。动力变质使斜长石被改造成残碎斑晶，石英和部分斜长石被粒化，糜棱物有石英、长石、云母等。石英粒化动态重结晶组成分异的单矿物条带和石英、白云母、斜长石、黑云母组成混合条带形成流动构造，绕过斜长石碎斑，斜长石碎斑具波状消光、曲颈构造，粒化长英质矿物和云母相间排列形成 S-C 组构。原岩为细粒黑云英云闪长岩。

长英质糜棱岩 灰色，糜棱结构、残碎斑状结构，眼球状纹理构造。颗粒：残碎斑晶 1～2mm，基质 0.1～0.3mm。成分：斜长石 41%左右、石英 25%～30%、钾长石 18%、黑云母 10%左右、白云母(主)＋绢云母(少)2%～3%、石榴子石小于 1%、磷灰石小于 1%、锆石小于 1%。长石被粉碎成眼球状、扁豆状斑晶，占岩石 20%～25%，白云母与残斑具拖尾构造，个别斜长石具曲颈构造，波状消光和边部粒化。长石、石英、云母组成流动构造和 S-C 组构。原岩为花岗闪长岩。

糜棱二云斜长片麻岩 灰色，鳞片粒状变晶结构，片状构造、残余眼球状构造。颗粒：0.15～0.3mm，残余眼球体 1～3mm。成分：斜长石 43%～45%、石英 30%～35%、黑云母 15%～18%、白云母 5%～6%、褐帘石 1%、锆石 0.5%。长英质矿物拉长变形，呈眼球状碎斑和眼球状集合体。云母相间聚集，定向排列。

糜棱黑云斜长片麻岩 浅灰色，鳞片粒状变晶结构，片麻状构造、残余眼球状构造。颗粒：残斑 1～2mm，个别 3mm，基质 0.2～0.3mm。成分：斜长石 49%左右、黑云母 25%左右、石英 25%左右、绿帘石 1%、锆石 0.5%。糜棱岩发生变质重结晶，长石石英变晶呈等轴粒状，黑云母鳞片相间聚集，定向排列，局部有石英分异条带。

千糜岩化绢云千枚岩 浅灰色，显微粒状鳞片变晶结构，千枚状构造，颗粒 0.01～0.03mm。成分：绢云母 70%左右、石英 15%～20%、黑云母 8%～10%、绿泥石 2%～3%、锆石小于 0.5%、磷灰石小于 0.5%。区域变质形成的绢云母鳞片定向排列，石英粒状变晶，同构造期黑云母变斑晶

0.6～1.2mm。沿片理方向石英条纹中可见少数石英聚集呈透镜状。黑云母变斑晶“S”形弯曲，波状消光和晶片错动、折断。

第三节 接触变质岩

图幅内接触变质岩分布较少，主要分布于岩体外接触带，按变质过程中有无流体参与可以分为热接触变质和接触交代变质。

一、接触变质岩

该类岩石多分布于岩体与碎屑岩类的外接触带，见于神仙湾群。主要岩石如下：

斑点状千枚状石英云母片岩 浅灰色，显微鳞片粒状变晶结构，斑点状构造。颗粒：斑点0.6～0.8mm，基质0.05～0.1mm。成分：绢云母34%左右、黑云母30%左右、石英25%左右、斜长石3%～4%、白云母小于1%、钛铁矿小于1%，斑点6%～7%。斑点为雏晶堇青石集合体。热接触变质作用使粘土矿物变成绢云母、黑云母，黑云母多色性为Ng褐红色、Np浅褐色，鳞片矿物平行定向排列，石英变晶粒状，均匀分布。

石榴黑云石英角岩 灰色，显微鳞片粒状变晶结构，平行构造。颗粒0.05～0.1mm。成分：石英70%左右、黑云母15%～17%、白云母2%～3%、石榴子石2%～3%、斜长石6%～8%、磁铁矿小于1%、锆石小于0.5%。石英长石等轴粒状变晶，均匀定向分布。新生片状矿物平行排列。

千枚状堇青黑云石英片岩 灰色，斑状变晶结构，基质显微鳞片粒状变晶结构，千枚状构造。颗粒：变斑晶0.7～1.5mm，基质0.05～0.1mm。变斑晶成分：堇青石8%～10%，基质成分：石英46%～48%、黑云母36%～38%、白云母6%～8%。石英等轴粒状变晶，堇青石变斑晶呈椭圆形，晶体浑浊，云母鳞片定向排列，黑云母多色性为Ng红褐色、Np浅褐色。

二、接触交代变质岩

该类岩石发育于岩体与碳酸盐岩的外接触带，岩石在变质过程中有流体参与，见于布伦阔勒岩群。主要岩石如下：

含透辉石大理岩 灰白色，中粗晶变晶结构，块状构造。成分：方解石82%～83%、透辉石5%～8%、黑云母8%～10%、镁橄榄石3%左右。方解石变质重结晶，呈等轴粒状变晶和半自形粒状，粒径：粗晶级0.6～0.7mm及中晶级0.25～0.5mm，后者占方解石45%～50%，方解石曲线状紧密接触。黑云母、透辉石、镁橄榄石呈粒状、片状自形晶体。

条带状大理岩 灰白色，粗晶结构，条带状构造。粒径0.6～1mm，以0.6～0.8mm占优势。成分：方解石89%～90%、金云母8%～10%、黄铁矿1%。方解石变质重结晶，自形粒状，双晶解理清楚。变质形成的黄铁矿晶粒相间条带状聚集，平行排列。

第五章 地质构造及构造发展史

第一节 大地构造位置与深部地质背景

测区位于青藏高原西北缘，占据西昆仑和喀喇昆仑中段，西邻帕米尔山结。跨塔里木板块、秦祁昆中央造山系、巴颜喀拉-北羌塘-三江造山系、冈底斯喜马拉雅造山系四大构造单元。总构造线方向呈北西向，西部向帕米尔聚敛，东部向东呈喇叭状撒开。构造纲要见图 5-1。

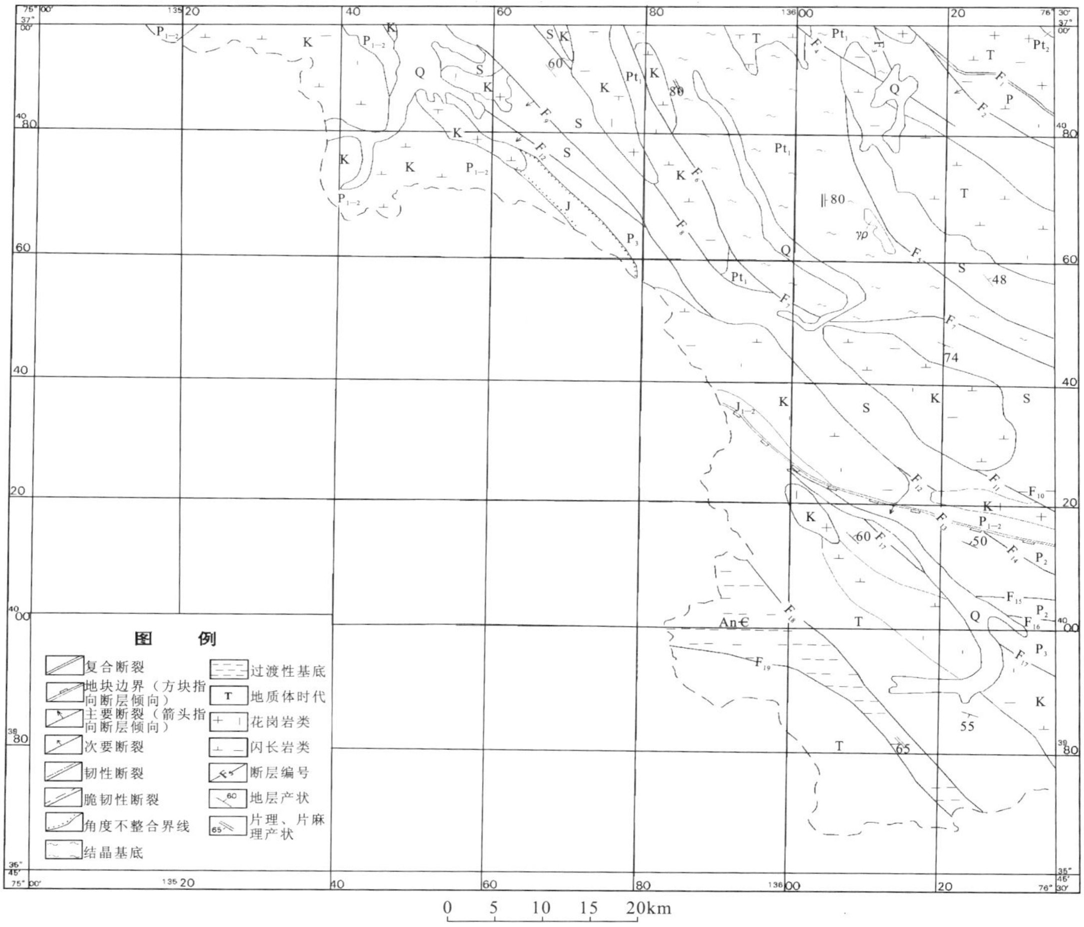

图 5-1 构造纲要图

塔吐鲁沟幅(J43C004003)、斯卡杜幅(J43C001003)

图幅及邻区地壳-上地幔具有多尺度结构特点。

如果我们把居里温度(消磁)面以上磁性总体特征当作上地壳结构的反映,在图幅及邻区航磁图上可看到,大致沿阿尔金山系的若羌—于田一线可分为两大块,以东为平静的负磁区,以西是剧烈变化的正磁区(见地质图角图)。在正磁区中北东向磁场又被一组北西向磁场所切割,这组北西向磁场在阿塔孜一线东部为北西向强异常区。北西向磁场正好与测区昆仑-喀喇昆仑对应,它从侧面反映了昆仑与塔里木在地质成长中的关系。

从地震测深剖面资料,塔里木上地壳 5.9～6.0km/s,中地壳上层 6.2～6.3km/s,中地壳下层 6.5～6.7km/s;西昆仑上地壳 6.0～6.1km/s,中地壳上层 6.25km/s,中地壳下层 6.6km/s,下地壳 6.7～6.9km/s,速度结构几乎没有差别,从地震测速结构看塔里木和西昆仑关系密切。

区域重力异常一般来说是莫氏面埋藏深度的反映。从不同时期重力异常资料看无一例外的都是围绕塔里木西南边界南、东南边界(也就是现代青藏高原的地形边界)形成一条宽大急速陡变梯度带,它跨整个测区,包括西昆仑、喀喇昆仑。莫氏面埋深由塔里木铁克里克一带的 50 余千米迅速下降至约 70km,呈单面斜坡,比地面地形起伏幅度大了近 3 倍。

第二节　构造单元划分

一、划分依据

(1)依据板块构造理论,结合大陆造山带研究的新进展,重点反映晚前寒武纪以来的板块拼接和盆山耦合过程的基本特征及规律。

(2)地层的发育状况,以及由构成地层的岩石、岩石组合,地层的相互关系等自身特点所反映的大地构造环境和地壳活动性。

(3)侵入岩的发育状况,以及侵入岩岩石、岩石化学和地球化学等自身特点所反映的构造环境和地壳活动性。

(4)地层、岩体的变质、变形程度、性质和时代、层次等特征,成矿性特征。

(5)依据板块构造学说,充分考虑区域地质构造格架和人们的习惯。

(6)以主期构造为骨干,对主期之前的构造和以后的主要构造给予尽可能地反映。

二、单元划分

根据以上 6 条,工作区构造单元可划分 6 个Ⅰ级、4 个Ⅱ级、8 个Ⅲ级,测区构造单元划分见图 5-2和表 5-1。构造单元的命名力求能最突出地反映其基本特征和性质。

三、构造单元简介

塔里木板块与西昆仑造山带的前长城纪结晶基底并无太大的区别,中、新元古代过渡基底差异较大,长城纪和蓟县纪时期塔里木板块已逐步趋于稳定,昆仑造山带仍显示了较大的活动性。震旦纪以后,塔里木板块一直为相对稳定的大陆板块,而昆仑造山带却裂解成为秦祁昆中央造山系的一员。三叠纪以来受特提斯强烈改造,至今仍强烈活动。康西瓦-苏巴什-木孜塔格多重结合带为亲塔里木陆块群与亲扬子陆块群的分界线,也是秦祁昆中央造山系与巴颜喀拉-北羌塘-三江造山系的分界线,包含了从新元古代到三叠纪不同性质的洋、海演化历史。空喀山口-乔戈里峰结合带是晚古生代发育起来的洋消失后的洋残留,它是分隔亲扬子陆块群与亲冈瓦纳陆块群的重要界线。南部的南羌塘陆块基底出露零星,晚古生代的沉积和生物组合类似于冈瓦纳大陆。

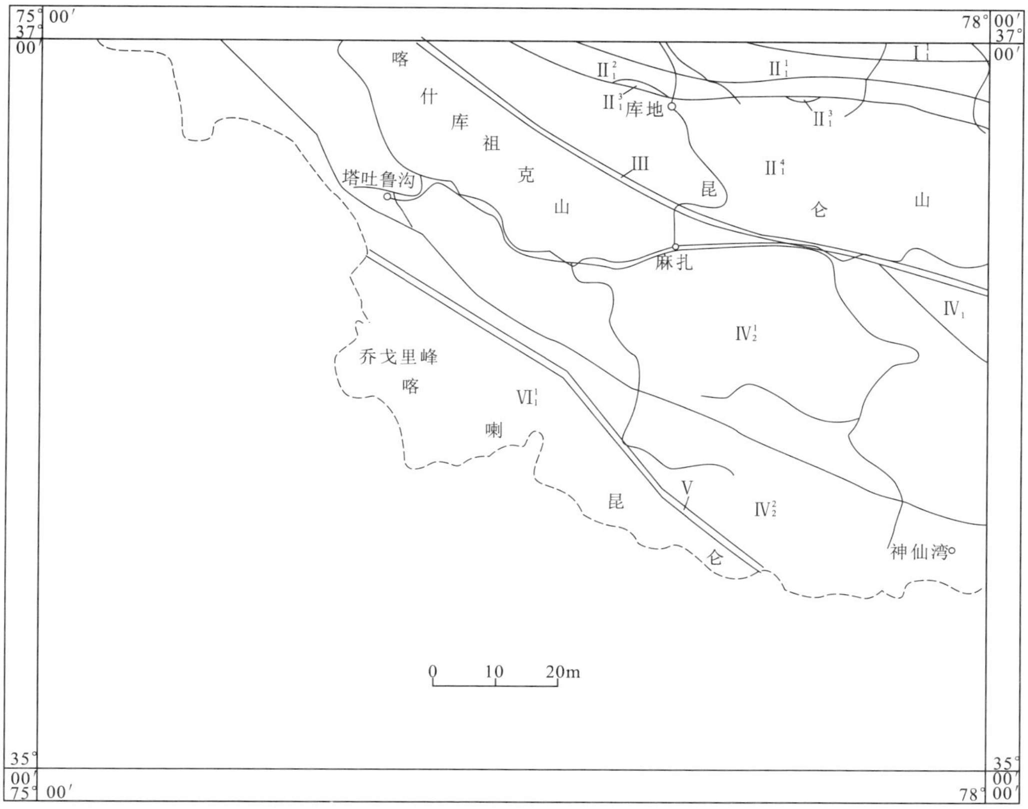

图 5-2　全区构造单元划分图

表 5-1　塔吐鲁沟幅、斯卡杜幅构造单元划分简表

<table>
<tr><td rowspan="9">特提斯北域</td><td colspan="2">北山-塔里木板块 I</td><td>铁克里克断隆 I_1^1</td></tr>
<tr><td rowspan="4">秦祁昆中央造山带 II</td><td rowspan="4">西昆仑造山带 II_1</td><td>库尔良裂陷冲褶带 II_1^1</td></tr>
<tr><td>西昆仑北残余岩浆弧 II_1^2</td></tr>
<tr><td>库地-其曼于特-蛇绿构造混杂岩带 II_1^3</td></tr>
<tr><td>西昆仑南古隆起复合岩浆弧 II_1^4</td></tr>
<tr><td colspan="3">麻扎-康西瓦-苏巴什-木孜塔格多重缝合混杂岩带 III</td></tr>
<tr><td rowspan="3">巴颜喀拉-北羌塘-三江造山带IV</td><td colspan="2">大红柳滩-巴颜喀拉边缘裂陷造山带 IV_1</td></tr>
<tr><td rowspan="2">喀喇昆仑-甜水海-昌都陆块 IV_2</td><td>甜水海微陆块 IV_2^1</td></tr>
<tr><td>喀喇昆仑边缘构造带 IV_2^2</td></tr>
<tr><td colspan="4">乔戈里峰-空喀山口-龙木错-双湖-澜沧江缝合带 V</td></tr>
<tr><td>特提斯南域</td><td>冈底斯-喜马拉雅造山系 VI</td><td>藏滇中间陆块 VI_1</td><td>南羌塘唐古拉微陆块 VI_1^1</td></tr>
</table>

塔里木板块中、新生代以来周缘隆起带盆地为铁克里克断隆。

考虑到昆北陆块、昆南陆块与塔里木板块的亲缘性以及库地蛇绿构造混杂岩的小洋盆性质，故将三者一并作为昆仑早古生代造山带。其中昆仑北地块为塔里木板块的南部边缘（南华纪以后卷入昆仑造山带），为保持与前人构造单元划分的一致性，故将其作为昆仑早古生代造山带的一部分。库地蛇绿混杂岩带为震旦纪开始形成、志留纪消失的一个有限洋盆的残留体。昆仑南地块主体是早古生代的增生杂岩带。库尔良裂陷冲褶带基底为昆北地块，石炭纪裂解中二叠世褶皱。甜水海微陆块、喀喇昆仑边缘褶皱带属于喀喇昆仑-甜水海-昌都陆块的成员，它和巴颜喀拉-松潘甘孜边缘裂陷造山带同属于巴颜喀拉-北羌塘-三江造山系不同等级成分。巴颜喀拉-松潘-甘孜边缘裂陷造山带为甜水海微陆块与昆仑陆块之间的深水盆地，晚三叠世褶皱成陆。甜水海陆块具有微陆块性质，前寒武纪基底类似于塔里木，早古生代以后的沉积类似于扬子，中晚三叠世与南北盆地一起褶皱成陆。喀喇昆仑褶皱带早、中二叠世为甜水海陆块南部的活动边缘，晚二叠世、早中三叠世为残留海(洋)，晚三叠世与北部两个构造单元一起褶皱成陆。

整个研究区总体上代表了一个大洋在消减过程中的增生边缘，该大洋从原特提斯、古特提斯、特提斯既有继承性，又有突变性长期演化，而它的多岛洋(陆壳性质和洋岛性质)特点比较完整地记录了这种复杂演化，清楚地具有自北而南的方向性。多岛洋特点也就决定了造山带内部的蛇绿岩不可能代表一个完整、巨大的大洋板块。测区联为一体整体运动是在早中生代，早中生代的构造体制对前期构造有显著的破坏，但早期构造的格局仍可识别。

第三节 不同时期主要构造单元变形特征

一、前南华纪基底构造变形

(一)古元古代结晶基底变形特征

图区结晶基底仅出露于甜水海陆块，组成结晶基地的布伦阔勒岩群广泛出露于图区北侧，该地层单元变形强烈，变质达低角闪岩相-高角闪岩相。该套地层可识别出三期变形。

早期变形形迹由于强烈置换很少保存，主要表现为强烈的面理置换矿物定向排列，形成微片理(S_1)，彻底置换沉积层理，使沉积岩向变质岩转变。该期变形是在深部构造层次剪切流变作用下，形成的透入性微片理，伴随透入性微片理构造，发育浅色长英质为与深灰色云母类矿物为主的岩石形成的条带状构造(图版Ⅱ-2)。

第二期变形主要表现为以微片理(S_1)或脉体为变形面的紧闭同斜褶皱(图5-3)、无根褶皱、肠状褶皱、顺层掩卧褶皱(图5-4，图版Ⅰ-4)、面理置换、顺层韧性剪切。该期变形是在深部构造层次剪切流变环境，以片理、微片麻理(S_1)为变形面形成的紧闭同斜褶皱，并伴有深熔长英质条带(混合岩化脉体)。

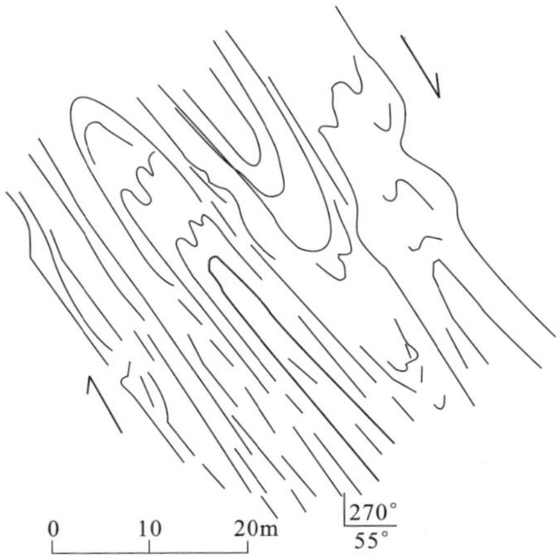

图5-3 布伦阔勒岩群中(大理岩)褶皱构造素描

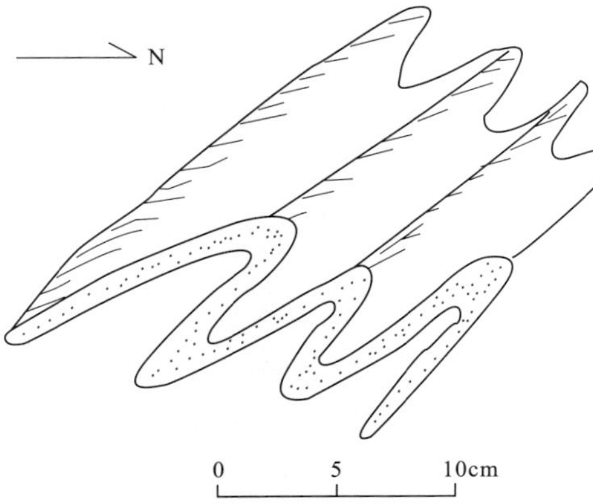

图5-4 布伦阔勒岩群褶皱构造素描

第三期变形表现为强变形带与弱变形域的间列展布。弱变形域内保留第二期变形遗迹，局部地方形成变质矿物斑晶，其中石榴子石直径达到1cm，而十字石矿物直径达到3cm。强变形带强烈地改变了原生面理，带内以广泛发育韧性剪切带为特征，其宽度一般小于150m，早期的石英脉形成透镜状、无根钩状褶皱（图版Ⅱ-3）。早期片岩也形成透镜平行新生面理排列。

（二）中新元古代过渡基底构造变形特征

南羌塘陆块之上零星分布一套高绿片岩相-低角闪岩相变质碎屑沉积建造，由于没有关于该岩石单位可靠的形成年龄依据，这里根据其变质程度较高（与二叠系加温达坂群断层接触）作为过渡基底。由于其出露地区海拔高，而且多为终年积雪覆盖，因此其构造面貌及变形特征并不清楚。

二、南华纪至早古生代原特提斯构造变形

塔吐鲁沟幅、斯卡杜幅原特提斯构造层由下志留统温泉沟岩群A组和B组构成。地层岩性单一，常形成密集的板理构造。从阿孜尕尔南部灰色板岩中与细砂岩间残留的石英质细脉形成的小型不对称褶皱分析，该期构造以层间剪切为主，小型褶皱指示上层（南）相对上冲。褶皱样式显示弯曲滑动，为中构造层次的产物。

韧性断裂（F_7）也是该期构造活动的产物。断裂在巴什安的钧一带近东西向延伸，宽度大于800m，区内延伸大于25km，在克勒青河以北被北西向断裂截切，为志留系低绿片岩相变质的温泉沟岩群与早元古代角闪岩相变质的布伦阔勒岩群之间的分界面。断裂两期活动（图5-5）。

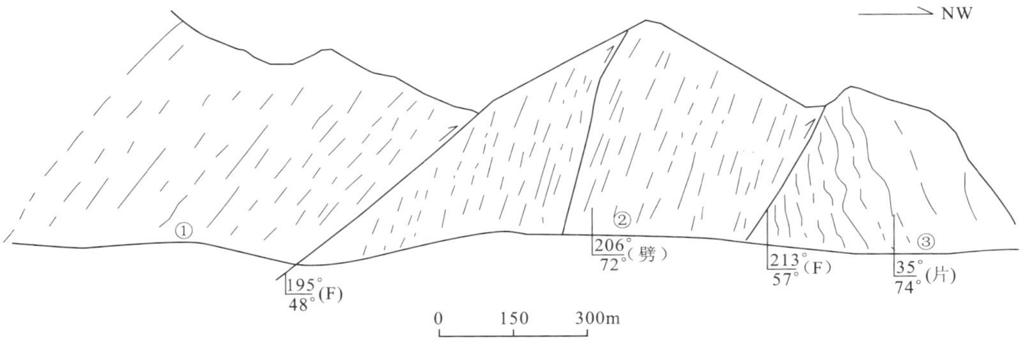

图5-5　S_1W 与 Pt_1B 断层接触关系素描

①绢云石英板岩；②糜棱岩；③含石榴子石片岩

早期为韧性变形，发育长英质糜棱岩及糜棱岩化岩石，糜棱面理206°∠72°，糜棱岩中S-C组构、旋转碎斑系发育，指示上盘上冲。糜棱岩化岩石中从残存的碎斑成分看，东部主要为温泉沟岩群的砂岩、杂砂岩，随着远离断层，原岩成分、结构保留渐好；西部原岩主要为石榴十字石片岩，近断层处有明显的退变质现象。断裂晚期表现为脆性活动，主要由3条脆性断裂组成，为逆冲性质。

三、晚古生代至三叠纪古特提斯—特提斯构造变形

晚古生代到早中生代的古特提斯—特提斯洋演化是喀喇昆仑的主期构造，奠定了喀喇昆仑的基本地质、构造面貌。此外，该期构造广泛影响到康西瓦带北部的西昆仑及更北部的塔里木地区，该期构造早期的伸展背景主要由在西昆仑地区深水盆地与浅水台地相间的沉积古地理格局所间接体现，同时期的伸展构造形迹则很少保留。而广泛发育晚期的挤压背景下的构造系统，属中浅层次，除局部地段外，均为韧脆性变形。变形特点在不同构造单元、不同构造部位构造样式、构造面倾

向有所不同，总体是断裂与褶皱构造同等发育，构造面主要是片理和糜棱面理。塔吐鲁沟幅和斯卡杜幅仅涉及麻扎-康西瓦构造混杂岩带的极少部分和及其以南的构造单元，现分别描述其各自的构造特征。

（一）麻扎-康西瓦构造混杂岩带

麻扎-康西瓦构造混杂岩带由晚古生代的岛弧岩浆杂岩、与弧关系密切的沉积建造以及构造混入其中的异地前晚三叠世沉积、变质体组成，各岩石组合之间均以不同层次的断裂相分隔。从伸展期的辉绿岩墙群，到俯冲期的岩浆杂岩，石炭纪、二叠纪的灰岩岩块以及与弧相关的火山-沉积，系统展现了该区从晚古生代早期的裂解环境到早三叠纪的俯冲过程。

测区仅在西合休西，库拉那古河上游一带零星出露，主要由中基性浅成岩(闪长斑岩、玢岩)-火山岩系列和少量灰绿、紫红色细碎屑岩组成的岛弧火山-沉积建造体。总体呈透镜状沿康西瓦-麻扎构造带北西向断续延伸，北东侧为三叠纪花岗岩侵入，南西侧与志留纪温泉沟岩群断层接触。由于康西瓦构造带被晚期不同时期的脆性、脆韧性断裂构造所追踪、改造，早期的构造痕迹保留较少。主要构造表现为辉绿色凝灰质火山岩和细碎屑岩的强烈片理化，片理面北东向陡倾。内部褶皱变形不发育。

（二）晚古生代—早中生代造山带

晚古生代—早中生代造山带包括甜水海地块本部及喀喇昆仑晚古生代—印支期褶皱带，甜水海地块主要出露前寒武纪变质基底，而上部的石炭系—二叠系构造层没有保留。喀喇昆仑晚古生代—印支期褶皱带，北界为喀喇昆仑断裂(F_9、F_{12})，南界以乔戈里峰-空喀山口结合带(F_{13})与南羌塘陆块接触，为一向西收敛向东撒开的楔状体，北西向延伸。图区主体由二叠系神仙湾群深水沉积岩组成，岩石普遍发生低绿片岩相变质。从构造变形的样式分析可识别出两期构造形迹。

早期构造以原生面理为变形面的层间顶厚褶皱；碎屑岩中薄层灰岩形成复杂的层间流动褶皱构造；碎屑岩中的薄层硅质岩形成鞘褶皱。它们可能是早期伸展体制下中部构造层次的产物。

晚期构造是收缩体制下的挤压变形，由于地层零星，总体构造面貌不清，保留间隔性层间劈理。在吾浦浪沟北侧一带灰岩夹泥质岩地层中，后者破劈理发育，构造面向北陡倾，与向南陡倾的层理形成锐夹角，指示向北的逆冲作用。

（三）空喀山口-乔戈里峰结合带

该带构成南部被动型边缘(碳酸盐岩台地沉积)沉积加温达坂群与北部神仙湾群活动边缘型沉积的重要边界；前者含有大量的冷水型动物化石，具有冈瓦纳相沉积特点，后者含典型的暖水性动物化石，具有扬子型沉积特征。结合带本身为后期著名的喀喇昆仑右行走滑断裂所追踪、改造，其本身的洋壳建造不但消失殆尽，早期的变形痕迹也保留零星。

在图区表现为南侧加温达坂群与北侧神仙湾群、侏罗系龙山组以及白垩纪中酸性侵入岩等不同时代地质体的脆韧性断裂。

（四）南羌塘陆块

南羌塘陆块晚古生代—早中生代构造层由二叠系碳酸盐岩建造组成，早、中、晚二叠统均为平行不整合接触。侏罗系角度不整合于下伏不同层位之上。晚古生代—早中生代构造主要表现为早期伸展背景下层间褶皱，而挤压体制下的褶、冲构造不发育。褶皱以等厚褶皱为主，轴面劈理发育，显示中层次的脆韧性变形特征。

四、侏罗纪至古近纪构造域变形

晚中生代是指晚三叠世—白垩纪阶段。晚三叠世沉积普遍缺失，构造主要以侏罗系、白垩系地层为主。

塔吐鲁沟幅和斯卡杜幅仅在北其牙里克河、肖尔布拉克代亚一带零星出露侏罗系下部层位紫红色砾岩，并与下伏为角度不整合。

从沉积分布特征分析，属走滑拉分盆地。砾岩与沉积底面起伏、距离断层远近相关，反映断裂控制的典型特征。后期挤压变形非常有限。

白垩系沉积在该区没有保留。

五、高原地貌的变迁与青藏高原隆升的关系

新生界岩相分布及地貌格局是高原隆升的结果，高原夷平面、河流阶地、冰碛及冰碛物是高原不同形成历史阶段的“残留”，因此通过对上述“残留”的原始形成环境、时代、现在分布高度的研究，可以恢复一个地区的隆升历史，对比各个地区的隆升历史，可以反映高原隆升在东西、南北方向的异同——隆升规律，进而为探讨高原隆升提供依据。

(一)高原夷平面的分布

从现有的地貌资料分析，图区存在两级夷平面(图 5 - 6)。

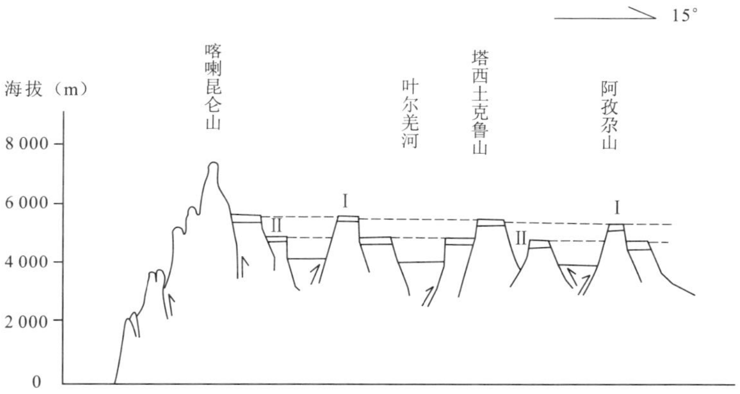

图 5 - 6　塔吐鲁沟幅、斯卡杜幅夷平面分布示意图

1. 老夷平面(Ⅰ级面)

即山顶面，是最高一级夷平面，一般分布在各大山系的顶部，保存面积较小，有些成为现代平顶冰川和古冰帽的发育中心，昆仑山区海拔约为 5 900m，喀喇昆仑山区为 6 000m，靠近喀喇昆仑山主脊则更高，可达 6 300m，均为现代冰雪覆盖区。此夷平面可与西昆仑的古里雅冰帽下的夷平面对比，可视为高原隆升之前青藏地区原始准平原地面的遗存，可以作为高原隆升的起始点。

据崔之久、潘保田等人的研究，山顶面切削最新地层为古近系，时间上应晚于古近纪，山顶面形成于 20Ma 前的渐新世末，高度不超过 500m。从图区新生代地层出露的情况看，缺失古近系，与其研究结果有较好的吻合。图区中新统应是准平原化的产物。夷平面是外营力长期剥蚀的结果，它们的形成需要 10Ma 的构造稳定期。

2. 较老夷平面(Ⅱ级面)

亦即主夷平面，高度5 250m左右，构成高原及其山地的主体，分布较广，该夷平面海拔自西向东、自南向北缓慢降低，利用遥感、古地磁资料较易分辨。据现有资料分析，它南北向跨越了两大山系。虽经不同程度的分割破坏，但其高度仍较稳定。

从野外调查的情况结合遥感资料分析，图区内昆仑山南部的穷托卡依一带，下元古界布伦阔勒岩群B岩组之上存在的平台即可确定为该夷平面。另外图区东北部库地乡丘婉村库浪那古河上游库木达坂一带，也保存有较完整的夷平面。穷托卡依一带的夷平面近似长方形平台，面积约$9.13km^2$，高程为3 900m；丘婉村库木达坂的夷平面呈平顶山，面积约$187.5km^2$，高程为4 000m。它们共同的特点是，坡面较为平缓，呈北北东向缓倾，整个地面坡度约3.5°，边缘地区可达6°～8°。该夷平面跨流域分布，推断该夷平面形成时为高温气候，并有较多的降水，为亚热带湿润并兼有干旱是合适的，因此认为该夷平面为准平原和山麓剥蚀平原组成的联合夷平面。

Budel就德干高原研究结果认为，可以在地球任何纬度和高度找到中新世夷平面，直到亚极地。虽然横跨高原的夷平面是由不同流域的分段夷平过程彼此联合而成，也可能最终并未联通，但却系同属一个夷平面。从宏观方面来看，青藏高原南临印度洋，北接塔里木盆地，因此其南侧的侵蚀基准面是印度洋，北侧的侵蚀基准面为塔里木盆地。塔里木盆地现在的海拔为800m以下，据《新疆维吾尔自治区区域地质志》，中新统期间喀喇昆仑地区尚有残海，因此具山麓剥蚀面性质的主夷平面的高度也绝不应很高，应当在500～1 000m。

李柄元等对可可西里地区的海拔4 900～5 200m 41个火山熔岩方山平坦顶面同位素测年数据，都在24.55～6.95Ma(9.9～6.95Ma有17个)，反映火山活动时间相近，都在中新世早期，形成于9.9～6.95Ma；同样西昆仑山内的阿什库勒火山群取得了15个火山熔岩的同位素年龄中最大的年龄为2.8Ma，这些火山地貌都分布于夷平面解体后形成的山间盆地内，以此推论夷平面至少在3Ma之前形成，最近李吉均院士在西昆仑地区对夷平面进行了研究，从夷平面削平的最新火山岩的K-Ar年龄为7Ma，并被形成于约3.6Ma的昆仑山垭口断陷盆地所错断；同样对藏东南芒康地区海拔4 400m的主夷平面上浮的玄武岩测得K-Ar年龄为3.4Ma和3.8Ma，这可能是青藏高原夷平面解体变形的标志，是夷平面形成的真正上限。

(二)河流阶地与剥蚀面的地貌特点

图区内河流众多，各条河流两岸形成的阶地亦较发育。克勒青河上游中巴边境肥尔尊一带阶地顶部高程3 437.1m，苏盖提江一带阶地顶部高程3 920m，红其拉甫达坂阶地顶面海拔为4 680m，叶尔羌河的阿孜尕拉阶地顶面海拔为3 280m，库浪那古河谷阶地的最上部高程为4 000m，如果将其联成一个整体，可以认为是一个完整剥蚀面的起点高程。

在叶尔羌河阿孜尕拉一带，发育较完整的八级阶地，该阶地中，最高一级阶地高出河床106.8m，其阶地顶部为厚薄不一的山麓洪积砾石层覆盖。中更新统乌苏群(Qp^2W)累计厚度215m，比上更新统新疆群(Qp^3X)(累计厚度69.6m)多出145.4m，两套地层均以冲洪积为主，但是物源不同，新疆群比乌苏群中的砾石成分更加复杂，两群中的沉积厚度也不同，反映出不同时代沉积速率的不同。

从叶尔羌河穷托卡依处夷平面的高程同阿孜尕拉处的阶地剥蚀面来看，前者较后者高620m，说明较老夷平面形成后有一个相当长的稳定期。剥蚀面和各级阶地的形成指示了其后高原隆升的主要事件。

(三)高原隆升阶段划分及隆升规律

通过两级夷平面以及第四纪河流阶地、冰碛的分布特征分析，认为新生代青藏高原经历了3期隆升两次夷平，最强烈的隆升发生在第四纪初至上新世末，并把第四纪高原隆升划分为 3 个阶段。

第一次隆升，发生在中新世早期(25～17Ma)。图区内的中新统陆相地层 N_1p 即于此阶段形成。从相关地层形成的沉积构造来看，帕卡布拉克组(N_1p)地层由较多的砾岩、砂砾岩、含砾砂岩、细砂岩和含钙细砂岩组成的韵律，缺少泥级，说明沉积速率较快，也同时说明高原隆升速率较快。

其后进入较长时间的相对稳定期，山地遭受长时间剥蚀，在合适的气候条件下，辅以不同气候条件下的风化和多种营力的搬运，形成较老的夷平面(Ⅱ级面)，即主夷平面。

第二次隆升，发生在大约 13～8Ma 期间，其主要的结果是造成主夷平面全面解体。

第三次隆升，发生在第四纪早更新世，从 3Ma 至今，青藏高原进入全面隆升期。目前意义上的青藏高原，源于第三次高原的隆升过程。本次隆升分为 3 个阶段。

(1)早更新世，高原继承了新近纪晚期山区的强烈隆升，盆地相对下沉的格局。随着昆仑山-喀喇昆仑山的强烈隆起，塔里木盆地出现了同时代的沉降，沉积了巨厚的西域组砾岩，为一套快速堆积的山麓相磨拉石建造。资料显示，塔里木盆地的南缘沉降幅度大于北缘。在图区外北部盆地南缘边部的叶城县柯克亚乡，可见到大量的西域组砾岩出露。古近系地层向北东向倾斜，角度达 25°，直接印证了昆仑山的隆升。区域上西域组地层沉积的厚度可达 3 000 多米。

中更新世早期，高原进入了加速隆升的时期，是喀喇昆仑山-昆仑山地区最大的冰川作用时期，即乔戈里冰期。冰川的形成和发育，主要取决于气候和地形条件。寒冷的气候和降水的多少是产生冰川的主要条件，而耸入雪圈的山地面积和海拔是冰川发育的地形条件，决定着冰川的规模和其他特征。此时两大山系已达到了相当大的高度。冰川的规模，要较现代冰川面积大数倍，发育冰帽冰川、网状的半覆盖式山谷冰川或山麓冰川，图区东南的喀喇昆仑山北坡沿主山脊的克勒青河，为一条半覆盖似网状山谷冰川，冰川从上源胜利达坂向西北延伸，沿途接纳 10 多条大小支冰川，至中游进入图区内，与规模宏大的乔戈里冰川相遇，在下又接布拉尔杜冰川群和一些支冰川，最后与塔吐鲁沟冰川群相汇合进入叶尔羌河干流，长度接近 200km，但冰川分布仍然是分散的，以各高山为中心的山地冰川，冰舌末端在高原内部下伸较高，而在高原边缘下伸较低，远没有达到各山地之间冰川互相衔接覆盖整个地区的程度。本次冰期，昆仑山的冰碛物多分布在上槽谷，喀喇昆仑山克勒青河上游则多分布在中槽谷中，厚度达数十米。

本次冰期之后，进入克勒青河-乔戈里间冰期，气候变暖，冰川消失，昆仑山南坡湖泊成群；北坡因气候湿润，雨水多，山区河流下切，形成多级河谷阶地，山麓外古老洪积扇被侵蚀成最高台地。

在昆仑山与喀喇昆仑山之间的叶尔羌河，形成多级冲洪积阶地，即乌苏群(Qp^2W)地层，高出河床 100m，该地层区域上的洪积层厚度甚至超过了冲积层的厚度，塔里木盆地周边山麓地带，组成高阶地及残存老洪积平原，高出河床 10～100m，厚度达 200m，表明河流遭受了强烈的下切作用。

(2)中更新世晚期，即克勒青河冰期，高原继续隆升，形成的冰川规模较乔戈里冰期要小，是喀喇昆仑山-昆仑山地区第二大冰川作用时期。此外，冰川多为树枝状山谷冰川或山麓冰川，冰舌末端多至 4 000～4 600m。中更新世的两次冰川性质，均属海洋性冰川，但西昆仑已趋向亚大陆性冰川，冰碛物保存较完整，多分布于下槽谷外围。

此后，进入克勒青河-苏盖提江间冰期，气候转暖，冰川消失，山麓带河流下切，形成中级阶地，时代为上更新世。

此阶段河流两侧堆积的中级阶地，构成了分布广泛的新疆群(Qp^3X)冲洪积地层，最大的特点是砾石相与粘土相的直接过渡，与乌苏群之间存在较大沉积间断。喀拉喀什河、叶尔羌河等均有分布。

据统计分析，该群的沉积厚度远远小于乌苏群的厚度，说明此阶段河流的下切作用要小于中更新统，高原隆升的速率也有所放缓。

上更新世时，由于青藏高原继续隆升，喀喇昆仑山-昆仑山地区的高度已超过 4 800m，快接近现代高度。高原的隆起改变了高原及邻近地区的大气环流形势，喜马拉雅山已成了南亚暖湿气流难以逾越的障碍，使高原内部及北邻地区降水锐减，气候干旱，环境恶化。由于巨大的海拔和全球性气候的再度变冷，喀喇昆仑山-昆仑山地区进入了苏盖提江冰期。

在此阶段，冰川作用较克勒青河冰期规模进一步减小，但较现代冰川规模要大，冰川性质为大陆性冰川，冰碛物分布在下槽谷。此后约距今 1 万年前，气候转暖，高原进入全新世冰后期冰川退缩期。

这是一个干热时期，干旱化趋势更加强烈，主要反映现在冰川后退、水系变化和高原湖面急剧下降。河流下蚀作用加强。

(3)距今 4 000 年前，进入全新世新冰期，高原上升至现代高度，由于气候变冷，冰川扩张，并向下推进，本区进入全新世晚期的新冰期。

新冰期的终碛有 2～3 道，一般据现代冰川冰舌末端 1km 至数千米。但由于高原内原气候继续干旱，环境进一步恶化，而西昆仑冰川性质已过渡为极大陆性冰川。16—19 世纪是现代小冰期，冰川规模比现代冰川稍大一些，一般在冰舌前端形成有 2～3 列终碛垄，反映了现代冰川从 16 世纪以来的变化情况。

以上虽然没有给出高原隆升的具体数据，但是不难看出，其隆升的速率总体具有随着时间的推移而加快的特点，此外，高原不同部位现今的海拔差异显著，也说明高原的隆升存在着空间上的差异性。

第四节　断裂构造

塔吐鲁沟幅、斯卡杜幅新生代断裂构造主要追踪早期已有断裂，断裂走向以北西和北西西向为主。断裂性质以走滑-逆冲为主，北部塔什库尔干河一带少数断裂具有走滑-正断层性质。其中主要断裂构造特征见表 5－2。

表 5－2　塔吐鲁沟幅、斯卡杜幅主要断裂系统

名称及编号	走向	断面(带)产状	位移方向	断裂规模		断层带特征	性质	与岩浆作用和矿产的关系
				长(km)	宽(m)			
F_1 康西瓦断裂	110°～125°	20°～30° ∠70°～80°	北盘向南逆冲	20.63	210～350	康西瓦断裂西端，是划分秦祁昆地层大区与巴颜喀拉-北羌塘地层大区的重要分界断裂，区域上跨度大，呈弧形延伸，发育系列同向次级断裂。沿断裂带发育蛇绿岩带，在重力异常图上有明显的重力梯级。对两侧沉积建造、岩浆活动、变质作用及矿产分布有控制作用。新生代以来仍有较强的活动性。为深大断裂，地貌、遥感影像线状特征明显	压扭性质	
F_2	110°～130°	190°～205° ∠60°～75°	南盘向北逆冲	26.88	220～640	断层带较宽，两侧岩性差异大，断带内岩石破碎，岩石为强片理化，充填有杂色断层泥、断层角砾，大理岩呈透镜状，断层三角面及遥感线性特征明显	逆冲断层	中酸性岩脉侵入

续表 5-2

名称及编号	走向	断面(带)产状	位移方向	断裂规模		断层带特征	性质	与岩浆作用和矿产的关系
				长(km)	宽(m)			
F_4	120°～128°	195°～210°∠70°～75°	北东盘向右滑动	26.25	30～40	遥感解译断裂，为右行走滑断裂，遥感卫片上线状影像清晰，水系被错断，断裂两侧影纹、影调均有差别，规模小	走滑断裂	有黑云母花岗岩侵入
F_5	135°～150°	35°～50°∠52°～63°	不明	50.00	3～5	呈圆弧形分布，早期为顺层剥离断层，是韧性断裂，断层两侧岩性变质程度差异大，断层带被残坡积物覆盖，野外露头未见明显的断裂带	韧性断裂	
F_6	130°～145°	225°～230°∠70°～75°	不明	46.88	8～10	断层带呈弧形分布，断层西侧表现岩石为碎裂化，岩石破碎，沿断层带分布有5处串珠状温泉，断层崖清楚，断层遥感线状影像清晰	走滑断裂	有黑云母二长花岗岩侵入
F_7	95°～115°	212°～220°∠55°～68°	南盘向左滑动	39.38	260～300	为韧性断层，断裂带内为糜棱岩，断层带两侧岩性不同，变质程度亦不同，两侧岩石倾向发生突然变化，北盘岩石变质深，且岩石劈理发育。地貌显示为负地形。断层带向线性影像特征清晰	左旋兼逆冲	
F_9	130°～140°	220°～230°∠58°～65°	北东盘右行斜冲	35.63	800～900	为韧性剪切带，带内为糜棱岩化闪长岩，长石晶体具旋转，个别为"δ"形斑，暗色矿物黑云母定向排列构成片理。剪切带较宽，延伸稳定，岩石变形强烈。断层带线性特征明显	右行斜冲	
F_{10}	122°～130°	202°～210°∠65°～75°	不明	45.00	3～5	断层带两侧岩石组合不同，产状相反，变形特征明显有别，断层带充填断层泥、断层角砾等。遥感影像线状特征明显	不明	
F_{13}	105°～110°	195°～205°∠68°～75°	南盘向下滑落	50.63	60～120	区域上为空喀山口断裂的西延部分，是划分巴颜喀拉-北羌塘地层大区和滇藏地层大区的地块边界，其规模大，延伸远，为一条重要的深大断裂。断裂切割褶皱轴线，断带面倾向南西，断层三角面、断谷及断层崖清楚，延伸稳定，后期有闪长岩体侵入。地貌及遥感线性影像特征明显	压性	
F_{17}	133°～140°	45°～50°∠50°～65°	北盘向南上冲	35.00	45～55	断层带岩石破碎，变形强烈，延伸稳定，两侧地层岩石组合不同，产状相反，规模较小。地貌及遥感线性影像特征明显	高角度逆冲断层	
F_{18}	140°～150°	230°～240°∠75°～80°	南盘向下滑落	44.38	10～15	遥感解译断裂，线状影像特征清晰，延伸稳定，断裂两侧影纹、影调均有较大差别，北盘地貌为直立陡坎，南盘为浑圆状山丘，沿断裂南边缘分布较大规模现代冰川	逆断层	
F_{19}	130°～140°	30°～45°∠60°～75°	南盘向下滑落	48.13	100～120	遥感解译断层，线状影像特征清晰，呈圆弧形分布，断层两侧影纹、影调均有较大差别，南盘地貌为较直立陡坎，北盘为浑圆状山丘，沿断裂北边缘分布规模较大的现代冰川	逆断层	

测区北西、北西西向断裂为喀喇昆仑右旋走滑断裂系的中西段。区域上该断裂系南起雅鲁藏布江蛇绿混杂带的冈仁波齐峰逆冲断层带。在那里以向南的逆冲运动为主，北段塔什库尔干一带形成走滑拉分盆地，再向西过渡为喀喇库尔湖-瓦赫特逆掩断层，以及鲁尚-穆尔加布蛇绿混杂带的北界断裂。总体呈反“S”形，延伸长度大于1 000km。

测区断裂走向东部为北西向，连接麻扎幅、神仙湾幅北西向断裂，西部转为北西西向延伸，向西北接塔什库尔干断陷盆地断裂系。与麻扎幅、神仙湾幅断裂组合相似，新生的北西西向断裂与早期已存在并且再次活动的北西断裂首尾相连而成反“Z”形。遥感影响上具有极其醒目的线状影像、断裂沟等标志，地貌上多呈负地形。断裂大多倾向北东，倾角70°～80°，而且具有早期逆冲，晚期右行走滑的性质。

断裂活动时间：南部狮泉河地区的扎西岗村，该断层西盘的花岗岩高角度斜冲到上新世—早更新世湖相沉积之上，花岗岩的冷却年龄分别是18～11.3Ma和11.3Ma至今(Searle等，1998)两个活动周期。在西北部喀拉库里湖边角闪石拉伸线理同位素年龄为6.80～6.69Ma(孙世群、王道轩，1998年)。北西向走滑断裂具有从南向北逐渐发展、发生的过程，同时也暗示喀喇昆仑右旋走滑断裂系的反“S”形几何形态，是北西向走滑断裂追踪、改造、连接了早期已经存在的向南逆冲(南部)和向北逆冲(北部)断裂后的表象，它们是不同时代断层的组合形态，而非统一构造应力场中同时形成的断裂系统。

第五节　地质演化

对1∶25万比例尺的区调图幅而言，讨论区域构造动力学背景是力所难及的，但是结合区域地质研究成果对测区所有地质体的形成、地质关系的产生给予尽可能合理的解释，是必须也是必要的。

在对东亚造山带的研究过程中，已认识到并非是一种单向的弧陆碰撞和弧的增生，也不是一种简单的开-合，而是在南北两个大陆块体之间存在着若干微大陆块。此外在各陆块的拼贴过程中除了正向的碰撞消减，还存在着大规模的走滑、旋转，叠加上晚期的构造改造，使原本就复杂的地质面貌更加繁复。本节将在充分了解青藏高原北部近年研究成果的基础上，分析测区中铁克里克、西昆北、西昆南、甜水海乃至南羌塘等微陆块的特征，指出与纵向和横向相邻块体的异、同，给予测区一个尽可能合理的地质演化解释。

一、前震旦纪地质演化

普遍的观点是进入元古宙以后，相对刚性的岩石圈已经形成，地球的表部出现了板块构造机制。测区前震旦纪地质记录虽有部分保存，但很不完整，没有比较充分的资料能够有把握地恢复这一阶段的地质构造演化，但仍可比较清楚地分为古元古代和中新元古代两个阶段。

(一)古元古代

1. 建造特征和变质改造

测区古元古代演化过程主要涉及塔里木南缘铁克里克断隆上的赫罗斯坦岩群、埃连卡特岩群，甜水海陆块上的布伦阔勒岩群，以及二者之间的关系。区域资料显示埃连卡特岩群、布伦阔勒岩群在变质岩石学方面存在明显的差异，即以埃连卡特岩群为代表的北部基底实际上为塔里木地块南部边缘的一部分，具有固结较早、以碎屑岩为主的特点；而以布伦阔勒岩群为代表的南部基底，不同地方岩性差异很大，岩石组成复杂，在测区塔吐鲁沟一带主要为角闪岩相变质的碎屑岩夹少量大理岩，在西邻区的塔什库尔干县一带有大量的镁铁质-超镁铁质岩石。

2. 时代线索

前人在测区北部侵入于赫罗斯坦岩群的阿卡孜碱长花岗岩中获得 2 200Ma 的同位素年龄，肖序常在克里阳一带赫罗斯坦岩群中古老变质侵入体中获得(2 977±140)Ma 的岩浆结晶年龄和(2 067±130)Ma 的变质年龄，这些线索显示北部基底岩系赫罗斯坦岩群、埃连卡特岩群的形成年龄早于2 067Ma。其中古老变质侵入体的岩浆结晶年龄代表了新太古代时期的热事件，可能指示该区陆核形成的时期；早元古代的碱性花岗岩侵位年龄以及变质年龄似乎与该阶段薄陆壳的形成有关。

南部基底布伦阔勒岩群的形成时代主要依据前苏联人在西南帕米尔与布伦阔勒岩群相当的地层中得到 2 700～2 130Ma 的(U－Pb，Rr－Sr)等时线年龄，除此之外，目前没有比较可靠的依据。

（二）中、新元古代

1. 建造特征和变质改造

该阶段的演化过程涉及了北部铁克里克断隆的长城系塞拉加兹塔格岩群、蓟县系博查特塔格群，西昆仑北带的库朗那古岩群，西昆仑南带的长城系赛图拉岩群、蓟县系桑株塔格岩群。测区及邻区资料显示，中、新元古代塔里木、西昆仑、甜水海的建造类型和变质改造特征存在明显的差异。塔里木南缘的塞拉加兹塔格岩群为细碧-角斑岩建造，蓟县系以碎屑岩为主夹碳酸盐岩，青白口系以紫红色碳酸盐岩为主夹碎屑岩，低绿片岩相变质。西昆仑北带的库朗那古岩群以碎屑岩为主夹碳酸盐岩和中酸性火山岩建造；南带的长城系为碎屑岩，蓟县系为石英岩、大理岩，具有稳定的沉积建造。西昆仑北带和南带虽然建造特征有所差异，但是均为高绿片岩相-角闪岩相变质。

2. 主要热事件

目前在西昆仑有几个比较可信的同位素年龄资料，其一为 1∶25 万于田县幅区调中的阿拉玛斯岩群新发现的一套斜长角闪岩，其 Sm－Nd 一致曲线年龄为 1 012Ma，Nd 初始值为 8.6，说明其直接来源于亏损地幔，具蛇绿岩特点；张传林等人在库地南的片麻状花岗岩中得到(815±5.7)Ma 的单颗粒锆石 SHRIMP 年龄；此外，肖序常等人在克里杨一带的赫罗斯坦群中也得到了(823±11)Ma的锆石 SHRIMP 变质年龄。这些零星的资料虽然不能完全恢复测区中新元古代时的构造历史，但是可以指示西昆仑在 8 亿年左右经历了一次重要的热事件。这与陆松年等人得出的青藏高原北部新元古代早期汇聚的地质时间介于 0.8～1.0Ga 之间，且多数集中在 0.9Ga 左右的结论比较相近，而缺少格林威尔运动同期的 1.0～1.3Ga 之间的众多的热-构造事件的年龄信息。

这一构造事件与广泛发育于扬子陆块上的晋宁运动的时间极为相近，可能有某种内在的成因关系。测区可能沿西昆仑北带与南带之间发生过汇聚作用。其线索除了西昆仑比较发育上述新元古代的碰撞性花岗岩外，在库地—西合休一带的片麻岩和片岩中零星出露的镁铁质-超镁铁质岩石构造透镜体，以及于田县幅南部的具有蛇绿岩性质的斜长角闪岩等可能都是该阶段古洋壳的残留体。该类构造残留体与围岩的变质程度、变形特征完全一致。

以上资料显示，中、新元古代测区及昆仑地区可能经历了一次比较完整的威尔逊旋回。塔里木南缘的长城纪以塞拉加兹塔格岩群的火山岩建造代表着伸展裂解作用的开始，西昆仑北带的库朗那古岩群、西昆仑南带赛图拉岩群的碎屑岩为主夹碳酸盐岩和中酸性火山岩建造可能是裂解期与俯冲期的构造拼贴体，而蓟县纪的石英岩夹大理岩建造可能是被动边缘构造环境的稳定沉积。西昆仑南、北带的高绿片岩相变质作用、南带中的新元古代片麻状二长花岗岩和变质岩中的超镁铁质岩石包裹体，以及上述载体中的早期变形遗迹都应该是该构造旋回晚期俯冲碰撞的产物，并且最终成为 Rodinia 超大陆的一部分。

二、原特提斯地质演化

南华纪—早古生代为原特提斯地质演化阶段，在测区北部昆仑山一带为主构造期，具奠基作用。

（一）晚南华世—寒武纪：伸展阶段

1. 晚南华世—早震旦世：裂谷阶段

陆松年等人的研究表明新元古代晚期大约在 800Ma，在中国古陆块上出现了裂解，形成以初始裂谷、基性岩墙群、A 型花岗岩和双峰式火山岩为代表的一系列地质记录。测区内没有该阶段的历史记录，但是在测区北部的克里杨一带发现在青白口系丝路群下部发育辉绿岩岩墙，顶部为南华系超覆（马世鹏等，1989），表明辉绿岩岩墙形成于青白口系沉积之后，南华系沉积之前，这期辉绿岩岩墙事件与华南地区的辉绿岩岩墙具有相似性，代表了最初的裂解作用。南华系恰克马克力克组具正常海向冰海沉积过渡特征，而于田县幅阿拉叫依岩群（南华系）含冰水沉积和基性火山成分，为深水型沉积，具被动边缘建造性质。说明塔里木板块南缘在晚南华世已伸展产生了规模较大的深槽。值得说明的是在塔里木南缘存在南华纪的冰水沉积岩石，但是在西昆仑中间隆起带上（西昆南带）目前还没有确切的依据证明存在该套沉积，反映该时期西昆仑与塔里木不同，是否之间存在比较大的分隔？

2. 晚震旦世—早寒武世：扩张阶段

测区内肖序常等在不孜完沟蛇绿岩中的辉长岩获得（512±4）Ma 单矿物锆石 SHRIMP 年龄，本项目在不孜完沟的变质橄榄岩中获得的（507±13）Ma 的锆石 SHRIMP 年龄，东部于田县幅北部的其曼于特一带的基性火山岩 Rb－Sr 年龄值为（608±31）Ma，在南部苏巴什一带的柳什塔格洋岛玄武岩 Rb－Sr 年龄值为（563±31）Ma，这些资料比较充分地说明震旦纪西昆仑已发生了显著的扩张作用，而且形成了库地-其曼于特、康西瓦-苏巴什南北两个相关的小洋盆，其间被昆南地块分隔。洋盆的扩张可能一直持续到晚寒武世。区域上，从祁连山、阿尔金、库地-其曼于特乃至康西瓦-苏巴什都存在这一时期的扩张作用，因此它们可能是统一伸展构造背景下的产物，也就是说在该时期几个小洋盆之间不存在从属关系（即主洋盆的消减引发的沟、弧、盆系统）。麻扎幅北部的帕合甫辉长岩和色拉阿特辉绿岩也是该阶段的产物。

（二）晚寒武世—志留纪：俯冲-局部碰撞阶段

晚寒武世到志留纪，原特提斯洋发生了强烈的俯冲和局部碰撞，北部的库地-其曼于特洋盆和南部的康西瓦-苏巴什洋盆的表现形式虽然并不一致，但是同样可能受统一构造背景控制。

库地-其曼于特洋在库地一带表现为相北的俯冲，形成了早中奥陶世库地北、128 岩体他龙、达里亚等俯冲性花岗岩。东部的于田县幅则表现为向南俯冲于昆南地块之下，在昆南地块上形成了库拉甫河岩群含基性火山岩的岛弧型建造，同时更主要的是造成俯冲型石英闪长岩、英云闪长岩、二长花岗岩的大规模侵入（大量 U－Pb 年龄值为早中奥陶世）。被石英闪长岩所肢解的辉长岩和闪长岩时代更早，可能为晚寒武世，即洋壳的俯冲、消减作用可能始于晚寒武世。至晚奥陶世，库地-其曼于特洋盆已消失，更大规模的碰撞性质的二长花岗岩、花岗闪长岩侵吞该蛇绿混杂岩带产出。志留纪进一步发生逆冲叠覆造山，形成后碰撞性质的偏碱性的钾长花岗岩(壳源)、英云闪长岩(幔源)。该时期在西昆仑保留的沉积建造很少，图区的西和休岩组碎屑岩夹基性—中性火山代表着俯冲汇聚作用过程中活动沉积，更加零星的玛列兹肯群可能代表着俯冲-碰撞过程中的前陆盆地沉积。沿库地—其曼于特一线发生碰撞造山的标志还有库地两侧的代表去山根作用过程的煌斑岩脉(年龄值)以及晚泥盆世奇自拉夫组红色磨拉石建造。

康西瓦-苏巴什洋盆开始俯冲时代与库地-其曼于特洋盆相当，但保存的物质记录不多。在测区内该阶段的残留有甜水海陆块北部(被动)边缘斜坡相志留系温泉沟岩群，西昆仑南带(赛图拉)的具有岛弧性质的早古生代火山沉积体系以及奥陶纪—志留纪的俯冲-碰撞性花岗岩。与洋盆直接相关的建造证据是东部于田县幅柳什塔格洋岛玄武岩、与洋盆消减直接相关的时间证据以及侵入于该玄武岩中的俯冲性质的早奥陶世石英闪长岩，说明早奥陶世时柳什塔格玄武岩已拼接于昆南地块，同时也反映康西瓦-苏巴什洋盆向北俯冲于昆南(相当于东昆中带)地块之下。此外，发育于苏巴什蛇绿混杂岩带中陆壳碎块上的硫磺达坂-双雁山石英闪长岩、英云闪长岩时代为志留纪(伯力克幅，Rb-Sr年龄值为429Ma)，具俯冲性质，说明该洋盆至志留纪仍在俯冲。在西昆仑发生汇聚作用的变质热事件是广泛发育的500～400Ma的变质年龄。

需要说明地是，在康西瓦—苏巴什一线发育规模较小的线状排列的片麻状花岗岩，其单颗粒锆石U-Pb年龄值为452～430Ma，而同时期的花岗岩在西昆仑北部地区几乎没有变形痕迹，反映在该线的俯冲作用更加强烈。暗示该时期虽然在库地—其曼于特一线发生了碰撞、拼贴作用，但是主要的俯冲消减带可能是南部的苏巴什—康西瓦一带。

比较确切的资料显示在早古生代末期以康西瓦-苏巴什小洋盆为界的南北两侧陆块没有完全碰合，其证据有：康西瓦南部甜水海陆块上的早古生代地质体与北侧西昆仑上的同时代地质体具有不同的变质和变形特征；沿康西瓦—苏巴什一线也不存在与奇自拉夫组可对比的磨拉石沉积地层。但是该期事件明显地影响到甜水海内部，其上的中泥盆世布拉克巴什组下部紫红色砾岩以及与下伏地层之间的不整合关系即是该期构造事件的反映。

有一点无法解释的现象是，在空喀山口-乔戈里峰结合带以南的南羌塘前寒武系角闪岩相变质的含石榴子石片岩与晚古生代末变质的碳酸盐岩断层接触。

三、古特提斯—特提斯地质演化

晚古生代—早中生代为古特提斯洋—特提斯洋地质演化阶段，强烈改造了昆仑山区的构造面貌，同时基本奠定了神仙湾幅的构造格架。晚古生代在原特提斯残留洋的基础上发生了一次非常明显的开与合。

(一)泥盆纪—早二叠世：伸展扩张阶段

早古生代末，测区的地质格局是南部为康西瓦-苏巴什早古生代残留洋盆，北部为塔里木稳定板块，中部，即现在的昆仑山位置为早古生代碰撞造山带。泥盆纪在伸展构造体制下，这种格局便很快发生调整改变。大致以库地-其曼于特蛇绿混杂岩带为界，以北的昆北地块首先发生伸展拉张，至晚泥盆世在伸展产生的盆地中沉积了陆相紫红色奇自拉夫组磨拉石建造。

石炭纪伸展作用加剧，昆北地块上形成了他龙群、库尔良群的碎屑岩局部加火山岩沉积，晚石炭世西昆仑裂解作用进一步加剧，形成了一些克沟组巨厚的基性火山岩。昆南地块上形成了提热艾力组被动陆缘斜坡相沉积。至早二叠世随着北部两个盆地的扩张成型与南部具有冈瓦纳型沉积的南羌塘陆块的北移以及其间洋盆的缩小，测区形成了3个不同性质的盆地夹两个陆块的构造格局，北部为库尔良-阿羌裂谷盆地，中部为康西瓦-苏巴什有限洋盆，南部是乔戈里峰-空喀山口洋盆，三者之间的陆块是西昆仑陆块和甜水海陆块。该时期裂解的岩浆证据有西昆仑陆块上的石炭纪带状分布的壳、幔浆混花岗岩以及大量的基性岩墙群(同位素年龄为283Ma)。通过对比分析,北部裂谷盆地具有西部裂陷早、规模较大(大规模的石炭纪基性火山岩、局部地方出现了蛇绿岩-奥依塔格),向东裂陷时间晚、规模较小(二叠纪的火山岩——阿羌火山岩)的特征。中部,康西瓦-苏巴什洋盆该阶段的记录在测区没有保留,但是东部于田县幅、伯力克幅苏巴什一带大量的晚古生代(放射虫化石)蛇绿岩残片等充分显示在该带存在具有洋壳性质的盆地。南部空喀山口-乔戈里峰洋盆的规模比较大,主要依据是该带南侧的加温达坂组含有大量典型冷水相动物化石和冰水沉积地层(空喀山口组),而北侧仅有零星的冷水相化石和冰水沉积。

(二)中二叠世:消减挤压阶段

晚古生代由扩张作用到闭合作用的转折时期是中二叠世,这一阶段康西瓦-苏巴什洋盆向北侧俯冲消减,测区内形成了麻扎构造岩浆弧,造就了石炭纪—二叠纪复杂的沉积、火山体系,并且使昆南地块再度成为岩浆弧,形成了带状排列的二叠纪的中酸性侵入体,最终的结果是在麻扎北部形成了三叠系赛力亚克达坂群山间磨拉石沉积不整合在二叠纪火山弧上。这一阶段的最完整的地质记录保存在东部的伯力克幅,从北向南依次为撒克斯库勒弧后沉积体系(蛇绿岩、相变剧烈的微小陆块沉积和复杂的生物组合)、卡拉勒塔什群和阿克苏群弧前增生楔,以及其上的山间盆地性质的三叠系阿塔木帕下组红色磨拉石建造。

北部的库尔良-阿羌裂谷随着南部洋盆的消减造成的麻扎弧与西昆仑陆块的弧-陆碰撞而由伸展转化为挤压体制(在局部地方发育为具有弧后盆地的特征)并迅速消减,在中二叠世晚期以后该盆地逐步褶冲变形进而关闭。测区内缺少晚二叠世的沉积,但是在测区北部的晚二叠世达里约尔组为陆相沉积,而其下的中二叠世棋盘组为海相沉积。此外,在于田县幅的该裂谷残留海盆中也沉积了晚二叠世苏克塔亚克组砾岩、砂岩及灰岩。

南部的空喀山口-乔戈里峰洋盆也发生了明显向北的消减作用,表现为甜水海陆块南部在石炭纪为典型的台地相沉积(帕斯群、恰提尔群),在早、中二叠世变为深水型活动陆缘沉积(神仙湾岩群),其中沉积混杂的玄武岩具有大洋中脊玄武岩的地球化学特征。值得说明的是在康西瓦-苏巴什以南的甜水海陆块上没有二叠纪的岩浆建造,这可能与甜水海陆块规模小、俯冲的深度有限相关。但是,发育在西昆仑的中、晚二叠世之间的角度不整合,甜水海陆块(温泉山组与神仙湾岩群之间)、南羌塘陆块上的平行不整合(阿格拉达坂组与加温达坂组之间)以及塔里木上晚二叠世为陆相沉积等诸多现象分析,西昆仑在中二叠世的这次汇聚作用是强烈和有深远影响的地质事件。

(三)早中生代:特提斯地质演化阶段

早中生代为特提斯演化阶段。晚二叠世以后,测区一带的特提斯系统构造体制再次发生重大转变,残留的洋分为两支,北部沿康西瓦—郭扎错北—向东到巴颜喀拉,南部是乔戈里峰—空喀山口,二者在郭扎错以东合二为一,甜水海微陆块成为一个岛(半岛)。残留的北支洋构造尖灭于麻扎幅东部的赛图拉以南,表现为大红柳滩地层分区的三叠系巴颜喀拉山群仍然是深水沉积,与同一地层小区的二叠系黄羊岭群没有明显的相差异;该支在东部的羊湖幅三叠系地层与二叠系地层整合接触,表明在盆地中心部位三叠系与下伏二叠系地层是连续沉积的。南支洋在西部红山湖以西由于后期构造叠复作用已经面目全非,在测区紧邻的岔路口幅神仙湾地层小区的三叠系河尾滩群依然保留了含放射虫硅质岩的深水相沉积。

中二叠世开始的俯冲、消减作用(残留的洋? 海?)何故中途停止,3个块体(西昆仑、甜水海、南羌塘)没有发生进一步的碰撞仍然是一个迷,是否与峨眉山玄武岩的喷发作用相关已经不是本书探讨的范围。除了离奇的停滞外,早三叠世在局部地方甚至出现了显著的拉张作用,例如东昆仑的甘孜、理塘蛇绿岩带,巴颜喀拉山群向北越过东昆仑山形成共和盆地也是这种构造背景的产物。

三叠纪的引张作用极好地解释了测区一个令人极其费解的构造现象（石炭系恰提尔群以低角度逆冲于志留系温泉沟岩群之上），这种引张作用造成了恰提尔群与温泉沟岩群之间的构造滑脱，后期的挤压作用继承了这一薄弱面，却使原本剥离性质的构造面转变成逆冲性断层。这一引张作用持续的时间很短、很快，两个残留盆地在接受3个陆源（西昆仑、甜水海、南羌塘）碎屑逐步充填的同时受冈瓦纳大陆裂解而来、向北漂移的板块挤压作用再次发生被动的向两侧的陆内俯冲和右旋斜冲性质的褶冲变形，三叠纪末盆地完全消失。

这种陆内俯冲作用主要发生在康西瓦—苏巴什一线，最为突出的产物为中酸性侵入岩。早期的具有I型特征和晚期具有S型特征的花岗岩（早期库库朗达坂的黑云石英闪长岩、斜依拉达坂的黑云母花岗闪长岩、家吉哇西的英云闪长岩和二长花岗岩，晚期的麻扎黑云二长花岗岩、色日可达坂板状黑云二长花岗岩、精尼克盖曼二长白岗岩）均沿康西瓦结合带两侧线状展布。另外一个重要的产物就是侏罗系与下伏不同层位地层之间的区域角度不整合，缺失晚三叠世到早侏罗世的沉积建造。

四、侏罗纪—古近纪板内演化阶段

测区侏罗纪以后结束了洋盆发展的历史，先后成为班公湖-怒江洋以及雅江洋（前者关闭后）北侧的陆表海。古近纪的历史不清楚，新近纪开始了陆相沉积的历史，标志着研究区开始成陆。

侏罗纪的沉积是以陆相开始，迅速过渡为海相沉积为显著特征，同时其沉积盆地严格受基底断裂（同沉积断裂）控制。

区内及东西邻区的前侏罗纪地层中广泛发育基性岩脉，标志着伸展作用的开始，陆相沉积迅速向海相沉积转换标志着伸展作用下沉积盆地的发展，测区的东、西邻区海相沉积中夹有大量的基性火山岩代表着盆地的进一步成熟。缺少晚侏罗世沉积，以及中白垩世的不整合代表着侏罗纪地质演化的结束。考虑到南部的班公湖-怒江洋形成于三叠纪—侏罗纪，闭合于晚侏罗世—早白垩世的事实，研究区侏罗纪的沉积显然是该洋伸展阶段在其北部的沉积响应，同时研究区没有该时期的中酸性侵入体，暗示着洋盆的消减方向可能是向南的。

白垩纪的发展历史与侏罗纪有些类似的地方，都表现为有早期的陆相沉积迅速过渡为海相沉积。但是其沉积盆地的规模与侏罗纪相比要小得多，其一是沉积范围小，其二仅有少量的火山岩夹层（神仙湾西部一带）。另一个重要的差异是，该区发育有大量80～60Ma的俯冲型花岗岩（乔戈里峰英云闪长岩，阿格勒达坂石英闪长岩、英云闪长岩和二长花岗岩，四湖沟的花岗闪长岩和二长花岗岩等）反映其南部的雅鲁藏布江洋盆主要是向北俯冲消减的，同时也暗示研究区的晚白垩世沉积盆地是在挤压走滑背景下的产物。这也是区别于侏罗纪沉积的重要方面。

古近纪以后整个测区结束了海相沉积的历史，昆仑山、喀喇昆仑山开始差异隆起。

五、昆仑山的隆升

青藏高原的形成和演化目前已有多种认识，提出了一些模式，如双地壳说、逆冲叠瓦说、碰撞挤压说、均衡调整说和热动力隆升说等。不论何种模式，大多数研究者较为一致的看法是青藏高原的形成是与印度板块向北俯冲和欧亚板块的碰撞有关，且这种俯冲已被最新喜马拉雅深部地震测深资料验证。引起争论的是当两大陆碰撞时，印度次大陆包括地壳和深部的物质是以何种形式加入到青藏高原内部的，青藏高原隆升是印度板块直接挤压的结果，还是后期其他的作用力形成的。

（一）青藏高原特点

要讨论青藏高原的隆升，首先必须考虑以下3个方面的因素。

1. 青藏高原的组成

整个青藏高原是由大小不同、形成时代有异的微陆块体群以蛇绿混杂岩带、混杂岩带、深大断裂带等拼贴而成。由于大量的导源于下地壳乃至地幔的深大断裂、大量的规模较小的陆块的存在，为在印度板块与欧亚板块碰撞过程中欧亚板块内部的多种变形、俯冲叠置和应力释放提供了物质基础。

2. 青藏高原北部的隆升时间、方向、幅度规律

开始隆升的时间，西昆仑山是在早、中侏罗世结束海相沉积的历史，喀喇昆仑山(南部)是在古近纪结束海相沉积，隆升成陆。前者远远早于印度板块与欧亚大陆碰撞的时间，后者似乎与两个大陆的碰撞时间相吻合。隆升的幅度，昆仑山及喀喇昆仑山现在的高度总体高于内部，此外高原不同部位地质历史上的隆升速率不等。另外与其相关的现象还有高原隆升过程中的主要变形发生于边缘地带，内部变形甚微；昆仑山、喀喇昆仑山乃至整个青藏高原隆升过程中的运动方向向北，说明高原隆升的主要构造动力来自于南部冈瓦纳大陆裂解及碎裂板(地)块向欧亚大陆的俯冲碰合。

3. 青藏高原特殊的地壳结构和深部物理性质

青藏高原特殊的地壳结构和力学性质表现在以下几个方面：地球物理资料表明，青藏高原的地壳厚度可达 50～70km，远比其他地区地壳厚度大得多，但其地幔岩石圈较薄，因此厚壳薄幔是青藏高原岩石圈的总体特征。其另一个显著的特征是，岩石圈的力学性质(热状态)不同，天然地震资料显示，青藏高原存在 3 种不同类型的岩石圈，帕米尔型冷岩石圈、念青唐古拉型中间岩石圈以及羌塘型热的岩石圈。

与深部结构相关的另一个特征是：地球物理资料显示印度板块向高原之下俯冲的范围不超过雅鲁藏布江缝合带，也不存在塔里木板块向昆仑山的俯冲。

(二)青藏高原隆升机制的讨论

对于青藏高原如此大的地壳厚度是如何形成的，又是什么样的力使得青藏高原的地壳在近期整体隆升这一普遍关注的问题，我们在充分考虑以上 3 个方面因素的前提下，结合前人的观点，认为主要有下列几方面因素决定了高原巨厚地壳的形成和近期的整体快速隆升。

(1)在印度板块向欧亚板块的长期持续挤压和受塔里木刚性地块的阻挡的大的构造背景下，由于高原内部大小不同、形成时代有异的微陆块体群以蛇绿混杂岩带、混杂岩带、深大断裂带的存在使大陆地壳缩短、增厚，可以更加自由和容易。首先，南北向的挤压作用可以通过下地壳的横向缩短和垂向加厚以及上地壳物质的逆冲叠置来实现高原地壳的加厚。其次，由于高原内部众多的微陆块存在，为微陆块之间的多种俯冲形式、俯冲方向提供了基础，单个俯冲之间不需要很大的距离也能实现高原地壳垂向叠置加厚的结果。同时俯冲方向的多样性也是新生代火山岩主要成带分布特征，时代多样性的内在原因。众多的深大断裂造成的另一个结果是导致地幔、下地壳的热量容易寻找向上运移的通道，而使地壳受热而塑性增强，从而使其通过横向缩短达到垂向加厚的效果。也是由于众多的先期断裂构造的存在，为后期高原隆升过程中物质的垂向、横向溢出提供了条件，研究区最主要的走滑断裂系——喀喇昆仑右行走滑断裂即是继承了早期的空喀山口-乔戈里峰结合带。

众多微陆块间的有限俯冲叠置(包括印度板块的俯冲)、下地壳通过塑性变形、上地壳通过逆冲叠置作用应该是青藏高原地壳加厚的原因之一。其另一效应即是引起高原的构造抬升(肖序常等，1988)，它是青藏高原形成初期的主要作用方式，而且在现今的高原周边依然起着重要的作用。

(2)高原山根的重力均衡补偿是高原近期快速隆升的一个主要原因。肖序常等(1988)曾指出，青藏高原的隆升可能经历了构造抬升阶段和均衡抬升阶段。始新世晚期至更新世初期主要为构造抬升阶段。各板块之间的差异运动引起强烈的挤压作用产生一系列冲掩断裂、推覆构造和塑性褶皱，使地壳大规模缩短、加厚，高原缓慢抬升，上地幔大幅度沉陷，形成宽而深的“高原山根”。更新世中期至现代，主要为均衡抬升阶段。更新世中期以来，随着高原整体漂移速度的变慢和各板块之间漂移速度的减小，产生了应力松弛，挤压作用大为减弱，在山根作用下产生了强烈的均衡调整，引起高原整体大幅度的快速隆升。李光岑、袁学诚(1988)认为，在印度板块与西藏板块未碰撞前，隆升速度缓慢，隆升和动力来源主要是异常地幔的浮力。两板块碰撞后，地壳急剧加厚，高原快速隆升，促使隆升的主要动力是重力均衡。

(3)存在于高原内部的热源是高原近期快速隆升的重要原因。崔军文等(1999)指出，青藏高原存在有4个不同深度的热动力源：可可西里-巴颜喀拉区深度为200～360km的地幔底辟或热柱；青藏腹地深度100～120km的岩石圈-软流圈界面上隆；由于壳幔穿插或地幔物质上涌导致冈底斯区深度55～70km的深部界面上隆；南北向纵贯青藏高原平均深度15～20km、平均厚度5～10km的壳内拆离层和局部熔融层。他认为青藏高原的隆升主要是由于上述不同界面内部存在的热源所引起。许志琴等(1996)对青藏高原北部可可西里地区新生代碱性火山活动的研究，认为是由地幔底辟引起，提出了青藏高原腹地隆升的主要原因与大陆内部深部热驱动-地幔底辟有关。但是，上述地幔底辟如何能够穿透高原巨厚地壳而达地表也是有问题的，所以火山岩的形成更可能有下述原因。航磁异常所反映上地壳底部的热源，与地震、大地电磁测深反映地壳内存在的低速和低阻层相当，也有可能显示的是高原内部的层间剪切破碎带，是由于印度板块挤压使高原地壳不同层位向北移动速度不一的结果。这一破碎带的存在为深部岩浆和热流的上升提供了良好的通道。另外，还存在有这样的一种可能性，印度板块向欧亚板块俯冲挤压时，印度板块的壳幔物质不是齐头并进插入青藏高原壳幔中的，有的地方伸入较远，有的地方可能受阻，插入有限。印度板块至今仍然在向北挤压，所以航磁深部负磁异常带同样有可能是印度板块壳幔物质在这里向高原内部纵深插入的结果，同样会造成地壳热流的增加和带动高原的整体隆升。

所以，青藏高原的形成和演化可能经历了三叠纪—白垩纪前的各地块相互拼合、古近纪—新近纪早期的构造抬升以及新近纪晚期至第四纪的受热和重力均衡整体隆升3个阶段。构造抬升现今在高原周缘依然起着重要的作用，它是引起高原隆升存在东西、南北差异的主要原因，而受热和重力均衡作用则是高原整体隆升的主导因素。

第六章　结束语

麻扎、神仙湾、塔吐鲁沟及斯卡杜四幅 1∶25 万区调联测项目组组建于 2002 年 4 月，同时开始着手收集工作区及相关地区的地质、矿产、地理、环境、人文等前人成果和资料。2002 年 5 月底赴野外开始实地调查工作。2003 年基本完成了区内野外面积性填图和剖面测制工作，2004 年进行了少量野外补充、检查后，全面转入资料综合整理和报告编写。和同期开展的其他项目一起于 2002 年 12 月在西安地质矿产研究所通过项目总体设计评审，被评为良好(88 分)，2004 年 5 月 27 日至 6 月 5 日，中国地质调查局委托地区项目管理办公室对项目进行了野外资料验收，本图幅获优秀(87.5 分)。

第一节　取得的主要成果、认识及意义

塔吐鲁沟幅、斯卡杜幅前人工作程度很低，而且交通条件极差，经过我们艰辛的努力，取得了一些进展。主要成果如下。

一、确定了区内南部两条结合带的空间延伸

(一)康西瓦-麻扎构造混杂岩带

在库拉那古河上游一带填绘出晚古生代的、与岩浆弧关系密切的沉积、岩浆、火山杂岩带，将以前线状表示的麻扎结合带实体化，丰富了该结合带的物质组成岩。同时根据其分割的两侧地层差异，确定康西瓦-麻扎构造混杂岩带向西沿库拉那古河谷地延伸出图，总体北西向延伸，向西可能与瓦卡混杂岩带相连。

(二)乔戈里峰结合带

根据两侧二叠系地层沉积特征以及所含的生物化石的差异确定了乔戈里峰结合带在图区的展布位置。区内经过阿格拉达坂，向西北至克勒青河与肖尔布拉克交汇处延伸出国境，总体北西向延伸。进而将红其拉甫达坂一带的二叠系地层依据其岩石组合以及所含生物归为神仙湾群，属于北羌塘地层分区。

二、建立了与测区岩石地层系统和与构造格架一致的地层分区

(一)测区地层分区

从北向南测区地层分区依次为西昆仑南带地层分区；大红柳滩地层分区；喀喇昆仑地层分区，进一步分为塔吐鲁沟-甜水海地层小区，神仙湾地层小区；乔戈里峰地层分区。

(二)重新厘定和建立主要地层单位

1. 布伦阔勒岩群

将分布于塔吐鲁沟一带的深变质地层厘定为早元古代为布伦阔勒岩群，根据岩石组合进一步分为3个岩组。

2. 建立了上二叠统阿格拉达坂组

将平行不整合与加温达坂群白云岩组之上的一套灰岩夹碎屑岩地层命名为阿格拉达坂组，依据本项目采集的化石资料，结合中科院科学考察在大红柳滩采集的䗴科化石，将其置于晚二叠世。其所含的带化石为吴家坪阶，与下伏地层中的栖霞阶存在着茅口阶—冷坞阶的生物断代。

三、中生代侵入岩研究取得重要进展

1. 早白垩世的岩浆活动

早白垩世的岩浆活动以中酸性岩浆活动为特征，岩体分布于测区南部、班公湖-怒江带的北侧，岩体大都呈长条状，长轴方向与构造线方向一致。岩石化学及地球化学特征显示钙碱性岩石系列，具有Ⅰ型花岗岩特征，为俯冲期花岗岩类。其形成时代为100～78Ma，对应于南部雅江洋的俯冲消减阶段。

2. 晚白垩世的岩浆活动

晚白垩世测区岩浆活动以酸性岩浆侵入活动为特征，空间上与早白垩世岩浆岩带重叠。岩石化学及地球化学资料表明该期侵入体为准铝-过铝质钙碱性岩石系列，具S型花岗岩特征，为同碰撞花岗岩类。对应于雅江洋的闭合事件。

四、查明了图区造山带，建立了构造格架和构造演化序列

1. 图区构造单元

可分为6个Ⅰ级构造单元、7个Ⅱ级构造单元(区内)，总体构造具有由北向南迁移、变新的规律。依次为：①塔里木板块之铁克里克断隆；②西昆仑造山带，可分为库尔良裂陷冲断褶带、西昆仑北残余岩浆弧、库地-其曼于特蛇绿构造混杂岩带、西昆仑南古隆起复合岩浆弧；③麻扎-康西瓦-苏巴什-木孜塔格多期结合带；④三江-巴颜喀拉-北羌塘造山系可分为大红柳滩-巴颜喀拉-松潘甘孜边缘裂陷造山带、甜水海微陆块、喀喇昆仑边缘褶皱带、乔戈里峰-空喀山口-龙木错-双湖-澜沧江缝合带；⑤南羌塘陆块。

2. 建立了测区构造格架和构造演化序列

测区总体处于塔里木板块西南缘，经历了：中元古代前的基底形成阶段、南华纪—三叠纪古板块演化阶段、晚三叠世至现代陆内变形演化3个大的阶段。形成复杂多样，相互叠加、改造的构造格局。测区的构造演化系列划分如下。

1)南华纪前基底形成阶段(800Ma前)

(1)古元古代及其以前的结晶基底形成阶段(1 800Ma前)。

(2)长城纪—青白口纪褶皱基底形成阶段(1 800～800Ma)。

2)南华纪—晚三叠世古板块演化阶段(800～205Ma)

(1)南华纪—志留纪原特提斯演化阶段(800～410Ma)。

(2)泥盆纪—古特提斯、特提斯演化阶段(410～205Ma)。

3)晚三叠世以来的陆内演化阶段(205 至今)

(1)晚三叠世—早白垩世演化阶段(205～135Ma 对应的班公湖-怒江带的边缘海盆地)。

(2)中白垩世—古近纪早期演化阶段(135～52Ma 对应雅江带的边缘海盆地)。

(3)古近纪晚期喀喇昆仑构造隆升阶段(52～3.4Ma)。

(4)青藏高原整体隆升阶段(3.4 至今)。

五、高原隆升方面

对于高原隆升问题,研究区虽然没有给出具体隆升速率,但是将古夷平面、河流阶地、冰碛物、冰碛阶地以及高原现今地貌相结合,对于高原不同历史阶段的隆升进行了有意的探讨,并且定性地得出青藏高原在古近纪以来存在 3 期隆升两次夷平,最强烈的隆升发生在第四纪初至上新世末,并把第四纪高原隆升划分为 3 个阶段。同时提出,大小不同、形成时代有异的微陆块群以蛇绿混杂岩带、混杂岩带、深大断裂带间列的三维结构是青藏高原形成的前提,印度板块向北的汇聚作用是其形成的背景,构造抬升是高原隆升早期阶段的主导因素,现今在高原周缘依然起着重要的作用,它是引起高原隆升存在东西、南北差异的主要原因,而受热和重力均衡则是晚期阶段整体隆升的主导因素。

第二节　存在的问题及今后工作建议

(1)布伦阔勒岩群的形成时代缺乏依据。高的变质程度是本次厘定塔吐鲁沟一带的变质地层并沿用布伦阔勒岩群的主要依据,形成时代也是根据前苏联人在东南帕米尔与本群相当地层中采用 U－Pb 和 Rb－Sr 等时线年龄(2 700～2 130Ma)。但是,测区内主要为碎屑和碳酸盐岩的沉积组合,与邻区塔什库尔干县城东侧的含有大量镁铁质-超镁铁质岩石的组合存在较大差异。因此,该岩群的形成时代还有待进一步工作而最终确定。

(2)南羌塘地块的前寒武纪变质地层研究薄弱。在测区克勒青河南部喀喇昆仑山北坡出露一套角闪岩相变质的碎屑岩,《新疆维吾尔自治区区域地质志》将其与塔什库尔干一带的布伦阔勒群相比较,本次工作由于确定了乔戈里峰结合带的空间位置、性质,因此它是南羌塘陆块的“基底”。但是由于海拔高、交通条件极差,而没能对其进一步研究,因此,其岩石组合、形成环境等基本问题还没有解决,可谓存在的一个重要问题。

(3)建议以后在本地区开展工作时,注意补采前寒武纪变质地层的同位素年龄样品,为该地区的地质演化提供依据。

参考文献

成都矿产地质研究所. 1：150 万青藏高原及邻区地质图[M]. 北京：地质出版社，1997
崔文军，等. 阿尔金断裂系[M]. 北京：地质出版社，1997
崔之久，高全州，潘保田，等. 夷平面、古岩溶与青藏高原隆升[J]. 中国科学，1996，26(4)：378～386
崔之久，李德文，伍永秋，等. 关于夷平面[J]. 科学通报，1998，43(17)：1 793～1 794
丁道桂，陈军中. 西昆仑造山带与盆地[J]. 北京：地质出版社，1996
方爱民，李继亮，侯泉林，等. 西昆仑库地西北依萨克群首次发现放射虫化石[J]. 地质科学，1998(3)：384
高秉璋，洪大卫，郑基俭，等. 花岗岩类区 1：5 万区域地质填图方法指南[M]. 武汉：中国地质大学出版社，1991
韩芳林，崔建堂，计文化，等. 西昆仑其曼于特蛇绿混杂岩的发现及其地质意义[J]. 地质通报，2002，21：8～9
韩愈菁. 变质作用 p－T－t 轨迹[M]. 武汉：中国地质大学出版社，1993
郝杰，刘小汉，方爱民，等. 西昆仑“库地蛇绿岩”的解体及有关问题的讨论[J]. 自然科学进展，2003，13(10)：1 116～1 119
郝杰，翟明国. 罗迪尼亚超大陆与晋宁运动和震旦系[J]. 地质科学，2004，39(1)：139～152
贺日政，高锐，李秋生. 新疆天山（独山子）西昆仑（泉水沟）地学断面地震与重力联合反演地壳构造特征[J]. 地球学报，2001，22(6)：553～558
姜春发，等. 昆仑开合构造[M]. 北京：地质出版社，1992
姜春发，等. 中央造山带开合构造[M]. 北京：地质出版社，2000
李炳元，潘保田，高红山. 可可西里东部地区的夷平面与火山年代[J]. 第四纪研究，2002，22(5)：397～404
李昌年. 火成岩微量元素岩石学[M]. 武汉：中国地质大学出版社，1992
李长安，殷鸿福，于庆文，等. 东昆仑山构造隆升与水系演化及其发展趋势[J]. 科学通报，1999，44(2)：211～213
李吉均，方小敏，潘保田，等. 新生代晚期青藏高原强烈隆起及其对周边环境的影响[J]. 第四纪研究，2001，21(5)：381～389
李吉均，文世宣，张青松，等. 青藏高原隆起的时代、幅度和形式的探讨[J]. 中国科学，1979(6)：608～616
李永安，李向东. 中国新疆西南部喀喇昆仑羌塘地块及康西瓦构造带构造演化[M]. 新疆：新疆科技卫生出版社，1995
刘强，杨坤光，张传林. 西昆仑康西瓦断裂显微构造特征及其地质意义[J]. 矿物岩石，2003，23(3)：26～30
刘石华，匡文龙，刘继顺，等. 西昆仑北带蛇绿岩的地球化学特征及其大地构造意义[J]. 世界地质，2002，21(4)：332～339
刘训. 塔里木板块周缘的沉积-构造演化[M]. 新疆：新疆科技卫生出版社，1997
刘训. 天山-西昆仑地区沉积-构造演化历史——新疆地学断面走廊域及邻区不同地体的沉积-构造演化[J]. 古地理学报，2001，3(3)：21～31
刘肇昌. 板块构造学说[M]. 成都：四川科学技术出版社，1985
陆松年. 青藏高原北部前寒武纪地质初探[M]. 北京：地质出版社，2002
马世鹏，汪玉珍，方锡廉. 西昆仑山北坡的震旦系[J]. 新疆地质，1989，7(4)：68～79
潘桂棠，等. 东特提斯组成与地质演化[M]. 北京：地质出版社，2000
潘裕生，等. 喀喇昆仑山-昆仑山地区地质演化[M]. 北京：科学出版社，2000
潘裕生. 西昆仑山构造特征与演化[J]. 北京：地质科学，1990(3)：224～232
任纪舜，等. 中国及邻区大地构造图(1：500 万)及说明书[M]. 北京：地质出版社，1997
荣辉，等. 高等地球化学[M]. 北京：科学出版社，2000
施雅风，郑本兴，李世杰，等. 青藏高原中东部最大冰期时代高度与环境探讨[J]. 冰川冻土，1995，17(2)：97～111
孙海田，等. 西昆仑金属成矿省概论[M]. 北京：地质出版社，2003
孙鸿烈，等. 喀喇昆仑山-昆仑山地区地质演化[M]. 北京：科学出版社，2000
孙世群，王道轩. 西昆仑造山带北西向拉伸线理特征及其地质意义[J]. 安徽地质，1998，8(3)：26～29
滕志宏，等. 塔里木盆地及周缘地区上第三系—第四系地层及晚新生代构造期次划分[M]. 西安：西北大学出版社，1994
王成善，伊海生，李勇，等. 西藏羌塘盆地地质演化与油气远景评价[M]. 北京：地质出版社，2001
王国灿，吴艳玲，向树元，等. 东昆仑东段第四纪成山作用过程与地貌变迁[J]. 地球科学，2003，28(6)：583～591

王绳祖. 岩石圈下层塑性流动与板缘驱动力远程传递[J]. 长春科技大学学报，1999，29(1)：1～8

王晓霞，等. 北秦岭老君山、秦岭梁环斑结构花岗岩岩浆混合的岩相学证据及其意义[J]. 地质通报，2002，214：8～9

王元龙，李向东，毕毕，等. 西昆仑库地蛇绿岩的地质特征及其形成环境[J]. 长春地质学院学报，1997，27(3)：304～309

王志洪，等. 西昆仑库地蛇绿岩地质、地球化学及其成因研究[J]. 地质科学，2000，35(2)：151～160

文世宣，等. 喀喇昆仑山-昆仑山地区古生物[M]. 北京：科学出版社，1998

西藏地质矿产局. 西藏自治区区域地质志[M]. 北京：地质出版社，1993

西藏地质矿产局. 西藏自治区岩石地层[M]. 武汉：中国地质大学出版社，1997

肖庆辉，等. 花岗岩研究思维与方法[M]. 北京：地质出版社，2002

肖序常，王军，苏犁，等. 再论西昆仑库地蛇绿岩及其构造意义[J]. 地质通报，2003，22(10)：745～750

肖序常，王军. 青藏高原构造演化隆升的简要评述[J]. 地质论评，1998，44(4)：372～380

校培喜. 阿尔金山中段苏吾什杰岩体(群)地质特征[J]. 西北地质，2003(3)：14～23

新疆地质矿产局. 新疆维吾尔自治区岩石地层[M]. 武汉：中国地质大学出版社，1999

新疆地质矿产局. 新疆维吾尔自治区区域地质志[M]. 北京：地质出版社，1993

新疆矿产地质研究所，新疆第一区调大队. 新疆古生界(上、下册)[M]. 新疆：新疆人民出版社，1990

许清华. 大地构造及沉积作用[M]. 北京：地质出版社，1985

尹集祥. 青藏高原及邻区冈瓦纳相地层地质学[M]. 北京：地质出版社，1997

张传林，杨淳，沈加林，等. 西昆仑北缘新元古代片麻状花岗岩锆石 SHRIMP 年龄及其意义[J]. 地质论评，2003，49(3)：239～244

中国地质调查局成都地质矿产研究所. 青藏高原及邻区地质图说明书[M]. 成都：成都地图出版社，2004

中国科学院地球化学研究所. 高等地球化学[M]. 北京：科学出版社，2000

中国科学院青藏高原科学考察队. 青藏高原的时代、幅度和形式问题[M]. 北京：科学出版社，1981

中国科学院青藏高原综合科学考察队. 喀喇昆仑山-昆仑山地区冰川与环境[M]. 北京：科学出版社，1998

中国科学院青藏高原综合科学考察队. 喀喇昆仑山-昆仑山地区自然地理[M]. 北京：科学出版社，1999

钟大赉，丁林. 青藏高原的隆起过程及其机制探讨[J]. 中国科学，1996，26(4)：289～295

周辉，李继亮，侯泉林，等. 西昆仑库地大型韧性剪切带的厘定[J]. 科学通报，1999，44(16)：1 774～1 776

Li J J . Uplift of Qinghai - Xizang Plateau and Global Change[M]. Lanzhou University Press，1995

Patriat P，Achache J. India - Asia collision chronology has implications for crustal shorting and driving mechanisms of plates[J]. Nature，1984，311：615～621.

Sengor A M. 板块构造与造山运动——特提斯例析[M]. 丁晓等译. 上海：复旦大学出版社，1992

图版说明及图版

图 版 Ⅰ

1. 单通道鲢未定种 *Monodiexodina* sp. 时代：P_2^1
2. 益哇似纺锤鲢 *Parafusulina yiwaensis* Chen. 时代：P_2^1
3. 拉长似纺锤鲢相似种 *Parafusulina* cf. *producta* Han. 时代：P_2^1
4. 早元古代布伦阔勒岩群大理岩中顺层褶皱
5. 塔吐鲁沟布伦阔勒岩群B岩组中的十字石榴白云石英片岩
6. 布伦阔勒岩群中的叠加褶皱
7. 布伦阔勒岩群B岩组十字石榴子石片岩
8. 布伦阔勒岩群B岩组石榴子石片岩

图 版 Ⅱ

1. 测区解译程度划分图
2. 早元古代布伦阔勒岩群流动构造
3. 早元古代布伦阔勒岩群强变形带
4. 早元古代布伦阔勒岩群中面理置换

图版Ⅰ

图版Ⅱ

1

2

3

4